动物生理学实验指导

主　审　吕锦芳

主　编　应如海

副主编　姜锦鹏　赵春芳

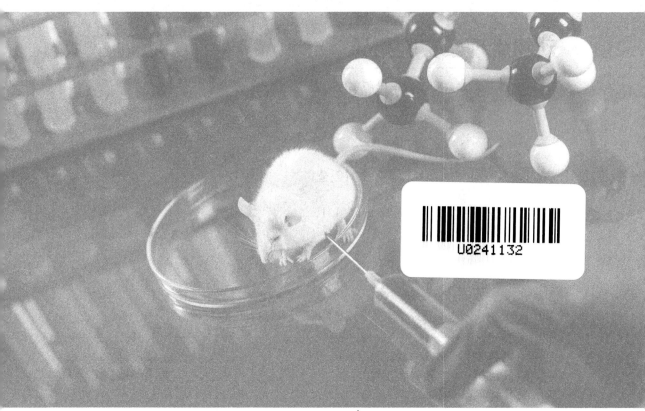

北京师范大学出版集团
BEIJING NORMAL UNIVERSITY PUBLISHING GROUP
安徽大学出版社

图书在版编目(CIP)数据

动物生理学实验指导/应如海主编. —合肥:安徽大学出版社,2019.2(2024.8重印)

ISBN 978-7-5664-1809-8

Ⅰ．①动… Ⅱ．①应… Ⅲ．①动物学－生理学－实验－高等学校－教材

Ⅳ．①Q4－33

中国版本图书馆 CIP 数据核字(2019)第 052292 号

动物生理学实验指导

应如海 主编

出版发行:	北京师范大学出版集团 安 徽 大 学 出 版 社 (安徽省合肥市肥西路 3 号 邮编 230039) www.bnupg.com www.ahupress.com.cn
印　　刷:	江苏凤凰数码印务有限公司
经　　销:	全国新华书店
开　　本:	787 mm×1092 mm　1/16
印　　张:	11.5
字　　数:	219 千字
版　　次:	2019 年 2 月第 1 版
印　　次:	2024 年 8 月第 3 次印刷
定　　价:	35.00 元

ISBN 978-7-5664-1809-8

策划编辑:刘中飞　武溪溪　刘　贝		**装帧设计**:李　军	
责任编辑:刘　贝　武溪溪		**美术编辑**:李　军	
责任印制:赵明炎			

前　言

随着生理学实验技术的发展以及计算机在动物生理学实验教学中的应用,安徽科技学院基础医学实验室建立了生物机能实验室,配置了多套生物信号采集与分析系统。根据实验教学的需要,动物生理学课程组于2001年7月由吕锦芳、应如海、姜锦鹏等教师编写了《动物生理学实验指导》教材,教材中编入了机能学实验部分,并经过两次修订,很大程度上满足了动物生理学实验的需要,受到师生的一致好评。

生物机能系统及计算机应用被引入动物生理学实验教学中,取代了过去烦琐、复杂的生物信号的采集、放大、记录、显示和分析系统,使实验具有先进性、科学性、新颖性。但随着BL-310、BL-410及BL-420型号硬软件系统的不断升级,加上实验方法、手段的不断更新,如"机能实验科学""多系统综合实验""虚拟仿真实验"等的出现,《动物生理学实验指导》出现了许多不相适应的问题。为了适应实验教学改革及应用型大学建设的要求,迫切需要重新编写适应实验教学需要的教材。根据动物生理学教学大纲、实验教学大纲以及生物机能实验室的现有条件,我们以原有的《动物生理学实验指导》为基础,进行了重新编写。

本教材可供动物科学、动物医学、动植物检疫、动物药学等本科专业学生使用。

本教材共分为14章,由姜锦鹏(第1章、第12章)、应如海(第2章至第11章)和赵春芳(第13章、第14章)参与编写。在编写过程中,吕锦芳教授给予了精心指导,代骏华、李涛等同志协助文字和图样材料的计算机处理,谨致谢意。同时,本书的出版得到了安徽科技学院的资助,在此表示衷心的感谢。

由于编写时间比较仓促,书中难免存在不足和错误之处,希望广大师生予以指正或提出改进性意见,以利于进一步完善。

编　者

2018 年 12 月

目　录

第1章 动物生理学实验总论

1.1 动物生理学实验的目的、要求和实验室规则

1.1.1 实验目的和要求

动物生理学是研究动物体的生命活动及其规律的科学,也是一门实验性科学。动物生理学实验教学旨在通过有关的理论学习、实验操作、实验结果记录与分析、实验报告书写等,达到以下目的:

①加深学生对有关动物生理学基本理论的理解,提高学生对所学知识的综合运用能力。

②使学生初步掌握动物生理学研究的基本方法、基本操作技术,培养学生的动手能力。

③提高学生观察、分析和解决实际问题的能力。

④培养学生理论源于实践的科学观点,初步养成严谨求实的科研态度和认真规范、分工协作的工作作风。

为达到上述实验目的,学习动物生理学实验课程的要求如下:

①认真预习。a. 预习将进行的实验内容,掌握实验目的与原理,了解实验步骤及操作要点、注意事项等。b. 结合实验内容,理解实验的相关理论知识。c. 实验小组成员进行分工,保证实验顺利进行的同时兼顾每个人都具有动手机会。

②以严谨的科学态度开展实验。a. 上课时认真聆听指导老师的讲解。b. 严格按操作程序进行实验。规范操作仪器和使用手术器械,按实验步骤开展实验。实验小组成员合理分工并密切合作,既培养自己的动手能力与独立解决问题的能力,也培养团队协作精神。c. 仔细、耐心地观察实验现象,认真做好记录。运用理论知识思考、分析实验结果和各种实验现象。认真总结实验成败的原因,培养实事求是的科学作风。d. 实验结果均应完整记录、保存。

1.1.2 实验室规则

①遵守学习纪律,穿实验服,按时到实验室,做到有事请假,不得随意缺席。实验期间不得借故外出或早退,遇到特殊情况应向指导老师请假。

②对实验内容的理解程度是实验能否顺利进行的关键。因此,实验前,必须

详细阅读实验指导,了解实验原理和基本操作方法。

③实验开始以前,各小组同学应进行适当分工(如装置仪器、麻醉动物、进行手术等),以免实验时忙乱,影响实验的正常进行。

④实验所用的动物由老师统一发放,未经老师同意,不得擅自取用。

⑤在实验室内应保持安静,不得嬉笑和高声谈话。实验进行时,要随时注意观察并分析结果,不得在实验室内从事与实验内容无关的活动。

⑥爱护公共财物,节约用水、电、实验材料和药品。禁止私自将个人U盘、手机插入实验室的电脑。实验中使用的一切设备应力求整齐、清洁,切勿杂乱;公用的仪器和药品只能在原处使用,不得随便移动。

⑦仪器发生故障时,如自己不能修理,应立即报告老师;如有仪器损坏或丢失,应书面报请老师处理。

⑧注意个人安全,按规范进行实验操作。

⑨对待实验结果要采取严肃、科学的态度,照实记录。

⑩实验结束后,应将实验器材擦洗干净,并清点数量,归还原处;动物尸体应放在指定的容器内,不得到处乱抛。最后还应安排值日同学进行实验室的清洁整理工作,经过指导老师同意才能离开实验室。

⑪及时整理实验记录,分析实验结果,得出实验结论,认真撰写实验报告,并按时交给指导老师批阅。

1.1.3　实验报告的撰写

实验报告是对实验结果的总结,也是动物生理学实验课的基本训练内容之一。不论示教实验,还是自己操作的实验,学生均应独立完成实验报告,并按时交给指导老师评阅。实验报告应按照每个实验的具体要求认真书写,注意文字简练、流畅及字迹整洁,为日后撰写科学论文打下良好的基础。

实验报告的格式大致如下:

①填写学号、姓名、专业、班级、组别、日期及室温。

②实验序号及题目应根据实验项目如实填写。

③实验目的简明扼要、条理清楚。

④实验原理参考实验指导或教材,应简明扼要、条理清楚。

⑤实验材料包括实验动物、仪器、手术器械和试剂等。

⑥实验方法参考实验指导,写出主要实验步骤(不要照抄实验指导)。如果实验方法有所变动,则需要将调整之处作具体说明。

⑦实验结果是实验报告的重要组成部分,应将实验过程中所观察和记录的生理效应进行如实、正确、详细的记述。实验结果可以文字说明、列表、绘图等方式呈现。

⑧讨论和结论是实验报告的核心。讨论是根据已知的理论对实验结果进行解释和分析,并判断实验结果与预期结果是否具有一致性。若有出入,则应分析其原因,检查操作步骤有无差错,实验条件控制是否严格;若排除上述原因后,依然获得同样的结果,则应如实地写在实验报告中并分析原因,鼓励学生提出有创造性的见解。实验结论是根据实验结果和讨论归纳出来的,也是对该次实验所验证的基本概念、原理或理论的简明总结,要言之有据,不能轻易推断或引申。

1.2　动物生理学实验常用的仪器及配套器械

1.2.1　BL-420 生物信号采集与分析系统

1.2.1.1　生物信号采集与分析系统的工作原理

计算机是一种现代化、高科技的自动信息分析、处理设备。利用计算机采集、处理生物信息,让计算机进入机能学实验室已成为必然趋势。人们通常把电子的、机械的以及磁性的各种部件所组成的计算机实体称为硬件(如输入设备、中央处理器、内存储器、外存储器、输出设备等),而把指挥计算机工作的各种程序和数据称为软件。在实际使用时,首先通过输入设备(如键盘、鼠标)、磁盘将程序及数据送入内存,再输入让程序运行的命令,这时中央处理器就按照内存中程序的安排,从中取出数据到运算器内进行运算、处理,并将结果送回内存中保存。同样将运行的结果按照要求,通过输出设备显示、打印出来,也可以送到磁盘上储存起来。由此可见,计算机是按照人们的要求来完成程序规定的任务。

生物信号反映动物机体的生命活动状态,通过对实验动物生物信号的采集和分析,可以对动物的生理机能进行验证和研究。因此,生物信号采集与分析系统是研究生物机能活动的主要设备和手段之一。传统的生物信号采集多采用直观的记录方式,如记纹鼓、示波器、生理记录仪等,信号记录完毕后必须结合手工测量手段才能作进一步分析处理。随着计算机技术的发展,生物信号采集与分析系统逐渐发展为以计算机和相应软件为采集处理核心的数字化系统。通过该系统可以观察到各种生物机体内或离体器官中探测到的生物电信号以及张力、压力、温度等非生物电信号的波形,从而对生物机体在不同的生理实验条件下所发生的机能变化加以记录与分析。

生物信号采集与分析系统的基本工作原理是:首先将原始的生物机能信号,包括生物电信号和通过传感器引入的非生物电信号进行放大(有些生物电信号非常微弱,如减压神经放电,若不进行信号的前置放大,则无法观察)、滤波(生物信号中夹杂众多的声、光、电等干扰信号,如电网的 50 Hz 信号,这些干扰信号的幅度往往比生物电信号本身的强度大,若不将这些干扰信号滤除掉,则可能会导致无法观察到有用的生物机能信号本身)等处理,然后将处理的信号通过模数转换进行数字化处理,并将数字化后的生物机能信号传输到计算机内部。计算机通过专用的生物机能实验系统软件接收从生物信号放大、采集卡传入的数字信号,并对这些信号进行实时处理,即进行生物机能波形显示和生物机能信号存贮。另外,生物信号采集与分析系统还根据使用者的命令对数据进行处理和分析,如平滑滤波及微积分、频谱分析等。对于存贮在计算机内部的实验数据,生物机能实验系统软件可以随时将其调出并进行观察和分析,还可以将重要的实验波形和分析数据进行打印,如图 1-1 所示。

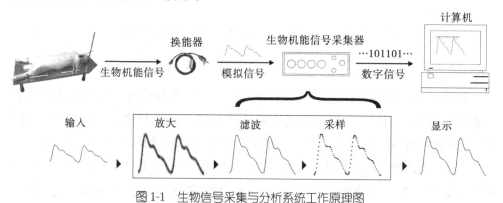

图 1-1　生物信号采集与分析系统工作原理图

1.2.1.2　BL-420F 生物信号采集与分析系统(生物机能实验系统)

BL-420F 生物信号采集与分析系统是一种智能化的四通道生物信号采集、显示及数据处理系统。它具有记录仪、示波器、放大器、刺激器、心电图仪等传统的生理仪器的全部功能。该系统以中文操作 Windows 为基础,实现全图形化界面的鼠标操作。此外,它还具有自动分析、参数预置、操作提示、中文显示、鼠标驱动等功能。

(1)系统的功能特点。

①采用 16 位 A/D 转换芯片,单通道最高采样率可达 1000 kHz,最低采样率可达 0.01 Hz。

②采用四通道高增益(2~5000 倍)、低噪声、程控的生物放大器。各通道扫描速度分别可调。

③采用程控电刺激器,具有电压输出[(0±35)V,步长 500 mV 和 50 mV 两挡]和电流输出[(0±10)mA,步长 100 μA 和 10 μA 两挡]两种模式。

④具有程控全导联心电选择,1 通道可自由选择 12 导全导联心电。

⑤以中文 WinXP 为软件平台,采用全中文图形化操作界面,操作系统可随时升级。

⑥以生理实验为基础,包括十大类共计 55 个实验模块。

⑦数据分析功能。可实时地对原始生物信号以及储存在磁盘上的反演信号进行积分、微分、频谱、频率直方图等运算和分析,并同步显示处理后的图形。

⑧测量功能。对信号进行实时测量(单点测量、两点测量以及区间测量),也可测量多项指标,如最大值、最小值以及平均值,信号的频率、面积、变化率以及持续时间等。

⑨数据反演功能。在反演数据过程中,可用鼠标拖动数据查找滚动条进行快速查找,并可对反演信号进行数据、图形剪辑。

⑩打印单、多通道实验数据的功能。在打印时,可将图形比例进行压缩,以确定打印位置。

(2)系统的组成与功能。BL-420F 生物信号采集与分析系统由计算机、BL-420F 外置信号采集盒以及 TM_WAVE 生物信号采集与分析软件等组成。

①BL-420F 外置信号采集盒。BL-420F 外置信号采集盒的前置面板如图 1-2 所示。

CH1~CH4:五芯生物信号输入接口(可连接引导电极、压力换能器、张力换能器等);

ECG:全导联心电输入口,用于输入全导联心电信号;POWER:电源指示灯;触发输入:二芯外触发输入接口;记滴输入:二芯记滴输入接口;刺激输出:三芯刺激输出接口

图 1-2　BL-420F 外置信号采集盒的前置面板

背部面板包含电源开关、电源插座、接地柱和监听输出 4 个部分,如图 1-3 所示。

图 1-3　BL-420F 外置信号采集盒的背部面板

②TM_WAVE 生物信号显示与分析软件。首先需要熟悉 BL-420F 生物信息显示与分析软件的主界面及其各个部分的功能,为以后进行实验操作做好准备。TM_WAVE 软件的主界面如图 1-4 所示。

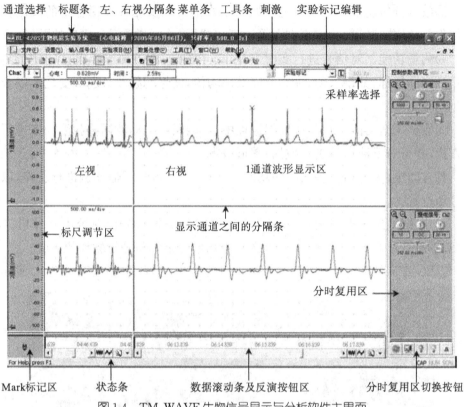

图 1-4　TM_WAVE 生物信号显示与分析软件主界面

主界面从上到下依次为标题条、菜单条、工具条、波形显示窗口、数据滚动条、反演按钮区和状态条 6 个部分,从左到右主要分为标尺调节区、波形显示窗口和分时复用区 3 个部分。各部分的主要功能如表 1-1 所示。

表 1-1　TM_WAVE 生物信号显示与分析软件主界面上各部分功能一览表

名称	功能	备注
标题条	显示 TM_WAVE 软件的名称及实验相关信息	软件标志
菜单条	显示所有的顶层菜单项,可以选择其中的某一菜单项以弹出其子菜单。最底层的菜单项代表一条命令	菜单条中一共有 8 个顶层菜单项
工具条	一些最常用命令的图形表示集合,它们使常用命令的使用变得方便与直观	共有 22 个工具条命令
左、右视分隔条	用于分隔左、右视,也是调节左、右视大小的调节器	左、右视面积之和相等
特殊实验标记编辑	用于编辑特殊实验标记,选择特殊实验标记后将选择的特殊实验标记添加到波形曲线旁边	包括特殊标记选择列表和打开特殊标记编辑对话框按钮
标尺调节区	选择标尺单位及调节标尺基线位置	
波形显示窗口	显示生物信号的原始波形或数据处理后的波形,每一个显示窗口对应一个实验采样通道	
显示通道之间的分隔条	用于分隔不同的波形显示通道,也是调节波形显示通道高度的调节器	4/8 个显示通道的面积之和相等

续表

名称	功能	备注
分时复用区	包含控制参数调节区、显示参数调节区、通用信息显示区、专用信息显示区和刺激参数调节区 5 个分时复用区域	这些区域占据屏幕右边相同的区域
Mark 标记区	用于存放和选择 Mark 标记	Mark 标记在光标测量时使用
时间显示窗口	显示记录数据的时间	在数据记录和反演时显示
数据滚动条及反演按钮区	用于实时实验和反演时快速数据查找和定位,可同时调节 4 个通道的扫描速度	
切换按钮	用于在 5 个分时复用区中进行切换	
状态条	显示当前系统命令的执行状态或一些提示信息	

在 TM_WAVE 软件主界面的最右边是一个分时复用区,如图 1-5 所示。该区域内有 5 个不同的分时复用区域:控制参数调节区、显示参数调节区、通用信息显示区、专用信息显示区以及刺激参数调节区;它们通过分时复用区底部的切换按钮进行切换。 按钮用于切换控制参数调节区, 按钮用于切换显示参数调节区, 按钮用于切换通用信息显示区, 按钮用于切换专用信息显示区, 按钮用于切换刺激参数调节区。

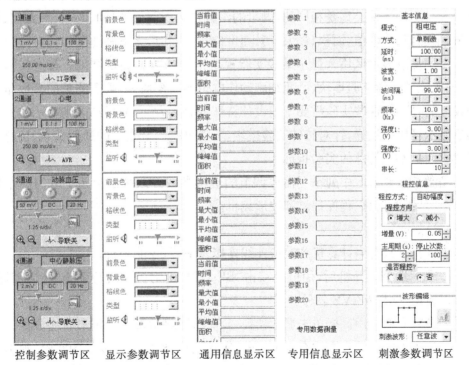

图 1-5　分时复用区

控制参数调节区是 TM_WAVE 软件用来设置 BL-420F 系统的硬件参数以及调节扫描速度的区域,每一个通道有一个控制参数调节区,用来调节该通道的控制参数,如图1-6所示。

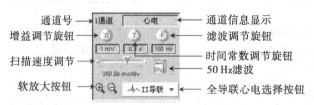

图1-6　BL-420F系统中一个通道的控制参数调节区

显示参数调节区用来调节每个显示通道的显示参数以及硬卡中该通道的监听器音量。显示参数调节区从上到下分为5个区域,分别是前景色选择区、背景色选择区、标尺格线色选择区、标尺格线类型选择区和监听音量调节区,其中监听音量调节区包括监听音量调节按钮和监听音量调节器两部分,如图1-7所示。

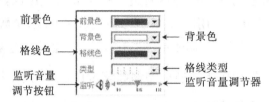

图1-7　显示参数调节区

通用信息显示区用来显示每个通道的数据测量结果。每个通道的通用信息显示区显示的测量类型是相同的,测量的参数包括当前值、时间、心率、最大值、最小值、平均值、峰峰值、面积、最大上升速度(d_{Max}/t)和最大下降速度(d_{Min}/t)。

专用信息显示区用来显示某些实验模块专用的数据测量结果。有些实验模块,如血流动力学实验模块、心肌细胞动作电位实验模块等,需要测量的参数是专门设计的,所以,这些实验需要专门设计特殊的分析方法,分析结果则显示在专用信息显示区中。这样,针对特殊实验模块,不仅可以测量它们的通用信息,还可以测量它们的某些特殊的实验指标。

刺激参数调节区中列举了需要调节的刺激参数。该区由上至下分为3个部分,分别是基本信息、程控信息和波形编辑。

(3)操作步骤。

①开机。只有当计算机各接口连线连接完毕后,才能开机。

②图标选择。开机后,用鼠标双击"BL-420F生物机能实验系统"快捷图标,即可以启动TM_WAVE软件。

③进入界面。用鼠标单击显示器任一部位,即显示BL-420F软件主界面。

④输入方式。输入方式有2种。若"实验项目"栏内有将要做的实验,则用鼠标单击菜单条的"实验项目"菜单项,在弹出下拉式菜单后移动鼠标,选定实验系统及内容后,用鼠标左键单击该项,系统即自动进入已设置基本参数的实验监视状态。若"实验项目"栏内没有要做的实验,则用鼠标单击菜单条的"输入信号"菜

单项,在弹出下拉式菜单后移动鼠标,选定通道及输入信号类型并单击该项。如需多通道输入,则重复以上步骤。各通道参数则根据实验内容自己设置完成。

⑤参数调节。根据被观察信号的大小及波形特点,选定要调节的通道为当前通道,调节增益、滤波以及扫描速度。

具体操作:由于控制区和信号区在屏幕的同一位置,采用分时、复用技术显示时,首先应确定该区是否在控制调节区的状态下,如果此时该区在信号显示状态下,只需用鼠标单击该区上方的控制按钮,即可转换到控制调节区状态。这时将鼠标移动到参数调节区相对应的调节旋钮位置,单击鼠标左键,使参数数值增加;单击鼠标右键,则使参数数值减小。扫描速度调节:将鼠标移动到扫描速度调节区所调通道位置。若在黄色柱的右边单击鼠标一次,则速度增加一挡;若在黄色柱的左边单击鼠标一次,则速度减小一挡;此时该通道扫描速度显示将同时改变。这些调节过程可由实验老师根据需要给学生演示。

⑥记录存盘。当显示的实验图形达到要求后,用鼠标单击工具条上的"▣"记录按钮(默认为记录状态),此时,按钮上的绿色圆点变为红色,计算机开始记录存盘。

⑦数据显示。在实验过程中,我们要不断观察生物信号测量的数据。这时只需用鼠标单击"通用信息控制区"按钮,该区即根据不同通道记录信号的类型,显示不同的测量数据。

⑧暂停观察。如要仔细观察正在显示的某段图形,则用鼠标单击工具条上的"▥"暂停按钮,此时该段图形将被冻结在屏幕上。如需继续观察扫描图形,则用鼠标单击"▶"启动键即可。

⑨刺激器的使用。一般情况下,刺激器的参数调节面板以最小化隐藏在主界面的左下方。当需要使用刺激器时,用鼠标单击"设置刺激器参数"条的放大框,这时刺激器的参数调节面板将在主界面的左下方展开,而该参数调节面板则覆盖在扫描速度调节区上。当需要移动面板的位置时,用鼠标单击"设置刺激器参数"条,此时该条变蓝,将鼠标放置在蓝条上并按住左键不放,拖动到面板需要放置的位置即可(在实验记录过程中最好不要移动它)。刺激器的各项参数展现在面板上,可根据实验需要调节。用鼠标单击某项参数右边两个上、下箭头为粗调,用鼠标单击某项下边两个左、右箭头为细调。当需要刺激标本时,用鼠标单击工具条的"▲"启动刺激按钮(或键盘 F5 键)。停止刺激时,用鼠标单击工具条的"▲"停止刺激按钮(或键盘 F6 键)。

⑩心电记录。BL-420F 系统采用了 2 种心电记录方式,即单导联心电记录和全导联心电记录。

单导联心电记录:在实验中只记录一个导联的心电时,选用该方式。我们只需将普通信号输入线按心电导联连接方式连接在不同的肢体上,然后将信号输入线插在所需通道上,调节好仪器参数后,即可在该通道上记录该导联的心电。

全导联心电记录:如果需要同时记录 4 个导联的心电,则选用该方式。全导联心电的连接方法有一通道(右前肢)、二通道(左前肢)、三通道(左后肢)、四通道(胸导联)和接地线(右后肢)。计算机内部将自动合成这些独立通道的心电信号,4 个通道显示不同导联的心电,各通道所显示的心电导联可以通过对话框自行调节。如果不需要记录胸导联心电,则不必连接四通道输入信号。

⑪实验结束。当实验完成时,用鼠标单击工具条的"■"停止键即可结束。如果在实验中启动了"■"记录存盘,则会弹出一个存盘对话框,提示需要为刚才记录存盘的实验数据输入文件名(文件名自定义)。否则,计算机将以"Temp.dat"作为该实验数据的文件名,并覆盖前一次相同文件名的数据,同时存入储存器中。当单击"确定",存盘对话框消失后,即可进行本次实验图形的反演(中文输入:用键盘组合键"Ctrl+Shift"选择合适的中文输入法,进行中文文件名输入)。

⑫实验组号及实验人员姓名输入。实验完成后,若需要在实验结果上打印实验组号及实验人员姓名,则要进行编辑输入。方法:用鼠标单击菜单条上的"编辑"菜单项,弹出菜单,单击"实验人员名单编辑"项,屏幕上将显示"实验人员及实验组号"输入对话框,用键盘输入实验人员姓名及组号,然后单击"OK"即可。

⑬反演剪辑。用鼠标单击菜单条上的"文件"菜单项,弹出菜单,单击"打开反演数据"项(或直接用鼠标左键单击工具条"■"反演数据读取),这时屏幕显示"打开"对话窗口,在文件名表框中找出所要文件并单击,然后单击"确定"即可打开该数据文件,并启动"■"反演实验图形(或用鼠标拖动滚动条的拖动块进行查找)。实验图形反演后,原参数调节区消失,找到所需的那一段实验图形后可对它进行图形、数据剪辑,方法如下:

用鼠标单击主界面右下方的"✂"图形剪辑框,这时该图形显示将被冻结在屏幕上。移动鼠标,以图形的左上角为起始点,按住鼠标左键不放,并向右下方拖动鼠标。此时,屏幕上将出现一个矩形虚框,虚框内的图形就是将要剪辑的图形,虚框的大小可随鼠标的移动而改变。选定图形后放开鼠标左键,屏幕上将自动出现一张白色剪辑页,刚才剪辑的图形即被放在左下角,同时该生物信号测量数据将自动显示在剪辑图形的下方,可用鼠标随意拖动图形并放到剪辑页的任意位置。然后,用鼠标单击"返回"按钮,屏幕将回到 Biolap98 的主界面。用鼠标单击"■"启动键,继续反演(或再次拖动滚动条进行查找)。重复以上步骤,可以剪辑多幅图形,直到图形剪辑全部完成。同时,可根据需要在剪辑工具条上选择擦除或写字功能,以擦掉多余的图形或文字,或者添加必要的文字说明。数据剪辑过程中,当屏幕上显示的图形正是我们所需要的图形时,用鼠标单击主界面右下方的"✂"数据剪辑框,当前通道的显示窗口将出现一条垂直线条,该线条随鼠标移动而移动。当线条移动到将要剪辑数据的起始端时,单击鼠标左键确定,屏幕上又将出现另一条直线,此时移动鼠标到该剪辑数据的尾端,再次单击鼠标左键确定,两线条之间的图形就是我们所剪辑的数据,计算机将自动存盘。可以选择单击"✂"启动框,显示波形(或用鼠标拖动滚动条进行查找),重复以上步骤,进行多次剪辑。当停止反演后,将自动生成以"cut. dat"命名的剪辑数据文件。当以该剪辑数据文件反演时,是本次多次图形数据剪辑的集合。

　　数据剪辑和图形剪辑的区别:数据剪辑是针对数据进行剪辑,剪辑后的数据与原始记录的数据在格式上相同,可以对其进行测量、分析和再剪辑;图形剪辑是剪辑图形,它不能进行测量、分析和再剪辑,而仅是一幅实验图形。

　　⑭数据处理。区间测量。该命令用于测量当前通道图形的任意一段波形的频率、最大值、最小值、平均值以及面积等参数。方法:用鼠标单击工具条上的"▨"区间测量按钮,此时,图形暂停扫描,通道内出现一条垂直线,线条随鼠标移动而移动;单击鼠标左键,以确定要测量图形的始端,此时第二条垂直线出现,以相同方法确定终端。在被测量图形段内出现一条水平直线,用鼠标上下移动该直线,选定频率计数的基线,用鼠标单击确定(水平直线也代表该区间的时程,用此测量方法同样可以测量某波形的时程),这时所有被测量的参数自动显示在该通道信息区,单击鼠标右键可结束本次测量。

　　两点测量。该命令用于测量任意通道内某段波形的最大值、最小值及两点之间的时间和信号的变化率。信号的变化率显示在屏幕下方信息区的"当前值"栏目中。方法:用鼠标单击工具条上的"▨"两点测量按钮,移动鼠标,将箭头指向被测波形的第一点并单击确定,然后将鼠标移动至被测波形的第二点,此时,一条随鼠标移动的红线连接在第一点和第二点中,该连接线则代表被测信号的路线轨迹。当第二点确定后,单击鼠标,被测信号的参数即被显示出来。

　　单点测量。当实验图形显示时,在任何通道内的任何位置都可以用此方法测量指定点值的大小。测量时,只需在测量点上单击鼠标左键,所测量值即被自动显示在信息区的"当前值"栏目上。

　　微分。当需要了解实验波形的变化,并对波形进行微分处理时,用鼠标单击菜单条的"数据处理"项,在弹出下拉式菜单后选定"微分"项,单击鼠标左键确定,将显示"微分参数设置"对话框。该对话框要求选定所要微分波形的通道和微分图形所要显示的通道,并且要求选择微分时间(一般来讲,微分时间越短越好)和微分波形的放大倍数。可以用鼠标单击该框中的调节按钮来调节微分参数,参数调节完毕后,用鼠标左键单击"OK"按钮,此时微分波形开始显示。如果对微分波形不满意,则可以重复以上步骤,对微分参数进行再次调节。

⑮打印。剪辑图形打印。完成图形剪辑后,首先应确定打印的比例和位置。用鼠标单击菜单条的"打印"菜单项,在弹出下拉式菜单后移动鼠标,选定好打印比例(比例有25%、50%、100%,其中选择50%可以在一页纸上打印四幅图形),单击鼠标左键;重复以上步骤,选定打印位置(位置有上左和下左、上右和下右、上中和下中以及四幅图/页),完成以上操作后,即可在图形剪辑页中单击"打印"按钮(为节约实验经费,一般选择四幅图/页)。

数据图形打印。在实时实验或反演过程中,若有需要打印的图形,则用鼠标单击"打印"菜单项,在弹出下拉式菜单后移动鼠标,选定打印比例和打印通道,单击鼠标左键,即可打印一幅带有实验数据的图形。如继续打印之后显示的图形,则用鼠标单击"▶"启动波形显示,重复以上步骤。

选定图形、打印比例和打印通道需要注意如下事项:a. 在开机状态下,切忌插入或拔出计算机各插口连线。b. 切忌将液体滴入计算机及附属设备内。c. 未经允许,不得随意改动计算机系统设置。在实验开始记录时,注意是否在记录状态下(记录按钮变红则默认为记录状态),否则不进行数据存盘,反演时无记录图形数据。d. 在选择工具条基本功能时,注意该通道是否在当前通道状态下,否则调节无效。e. 未经允许,不得自带软盘上机操作。

1.2.2　HW-400E 恒温平滑肌槽

恒温平滑肌槽主要用于消化道平滑肌生理实验,可调节和维持实验环境(如实验药液)的温度,从而保证离体肠段平滑肌的生理活性,使相关实验顺利进行。下面以 HW-400E 恒温平滑肌槽(如图 1-8、图 1-9、图 1-10 所示)为例进行简要介绍。

1.2.2.1　特点

①控温精度高。采用数字式温度传感器,使温度调节分辨率达 0.1 ℃。

②双温度探头使控温和显示更加准确。

③数字式显示系统可同时显示设定温度和当前实际温度。

④快速的加热系统。

⑤使用数字旋转编码器调节温度,使用方便、灵活。

⑥内置式空气泵自动给药筒供气,且气量大小可调,可保证离体平滑肌的活性。

⑦独立的放水阀门增加设备使用的方便性。

1.2.2.2　功能

(1)HW-400E 恒温平滑肌槽的前面板介绍如图 1-8 所示。

①电源开关。

②加热指示灯。

③设定温度显示窗:显示设定温度。

④实际温度显示窗:显示药筒内当前实际温度。

⑤温度调节旋钮:顺时针旋转增大温度设定值,逆时针旋转减小温度设定值。温度设定完成后,按下旋钮即开始加热。

⑥气量调节旋钮(粗调):主要用于对气量进行粗调,即顺时针旋转增大气量,逆时针旋转减小气量。

(2)HW-400E 恒温平滑肌槽的侧面板介绍如图 1-9 所示。

①气量微调旋钮:主要用于对气量进行微调,即顺时针旋转减小气量,逆时针旋转增大气量。

②排液口:药筒内的实验药液由此排出。

③排水口:恒温平滑肌大槽内的水由此排出。

(3)HW-400E 恒温平滑肌槽的俯视图介绍如图 1-10 所示。

①玻璃试管槽:每套恒温平滑肌槽配有 2 只玻璃试管,加入适量试剂后置于玻璃试管槽内进行预热。

②实验药筒(麦氏浴皿):实验标本通过连接在通气钩上,固定在实验药筒中,可用滴管向实验药筒中滴加药液进行实验。用过的药液可通过侧面的排液口排出,再用试管中预热的台氏液冲洗 3 次以上,以保证实验效果。

③通气钩(通气固定卡):用于通气与固定实验标本。

④潜水泵:用于搅拌水域,使水槽内各部位的温度均匀。

⑤支架杆固定座:实验时将支架杆固定于支架杆固定座上,将张力换能器固定在支架杆上,然后将实验标本的一端与张力换能器相连,将通气钩挂在实验药筒边沿即可开始实验。

图 1-8　HW-400E 恒温平滑肌槽的前面板

图 1-9　HW-400E 恒温平滑肌槽的侧面板

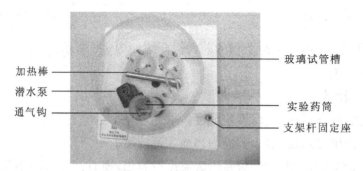

图 1-10　HW-400E 恒温平滑肌槽的俯视图

1.2.2.3　操作方法

①将恒温平滑肌槽右侧面的排液口和排水口置于关闭状态。

②在恒温平滑肌槽的大槽中添加蒸馏水至刻度线。

③在实验药筒和 2 个玻璃试管内加入适量的台氏液。

④打开仪器电源开关。

⑤设定实验温度。调节温度旋钮,将温度设置为 38 ℃,再按下此旋钮,即开始进入加热状态。

⑥气量调节。调节前面板的气量调节旋钮和侧面板的气量微调旋钮,使气泡单行散出。

⑦温度达到设定值后,放入实验样本,开始实验。

1.2.2.4　注意事项

①使用前应确认电源已接地,为保证安全,在整个实验过程中不要将手浸入水槽中。

②在加热之前一定要保证水槽内有足量的水,避免干烧而发生意外。

③玻璃试管易碎,在实验过程中应轻拿轻放。

④实验完成后,用蒸馏水反复冲洗实验药筒,防止排液口被药液腐蚀或排液管道被残留物堵塞。

⑤仪器在不用时不要盛放水和药液。

1.2.3　HX-300 动物呼吸机

动物呼吸机是与生物机能实验系统配套的仪器设备,主要用于生物机能实验,当动物使用某种麻醉剂或打开胸腔后不能进行自主呼吸时,可帮助动物被动呼吸,以保证生物机能实验顺利进行。动物呼吸机是定容型正压式呼吸,以电机为动力,由驱动电路控制,有节律地输出电流,经吸气管进入动物肺内,使肺扩张,从而达到气体交换的目的。与人用呼吸机类似,此呼吸机可以给出不超过肺部压力的正确的潮气量。下面以 HX-300 动物呼吸机(如图 1-11 所示)为例,简要介绍其用法。

1.2.3.1　特点

①可精确调节呼吸机的潮气量,调节过程中能够随时显示当前调节的潮气量。

②在呼吸机工作过程中,可随时改变工作参数,按启动按钮重新设置参数即可生效。

③使用数字旋转编码器调节潮气量与呼吸频率,编码器无上、下限限制,顺时针旋转时增大调节值,逆时针旋转时减小调节值。

④以空气或其他气体为气源,无需高压气体,使用方便。

1.2.3.2　适用范围

①适用动物:小鼠、大鼠、家兔、犬等。

②应用范围:用于呼吸抑制方面的实验研究;用于需手术开胸条件下的动物实验。

1.2.3.3　性能指标

①潮气量输出:潮气量调节范围为 1～300 mL。

②吸-呼时比:(1～5)∶(1～5),即吸、呼值均可在 1～5 之间调节,共有 25 种吸-呼时比可调。

③呼吸频率:1～200 次/分。

1.2.3.4　主要功能介绍

(1)HX-300 动物呼吸机前面板各部分的功能介绍,如图 1-11 所示。

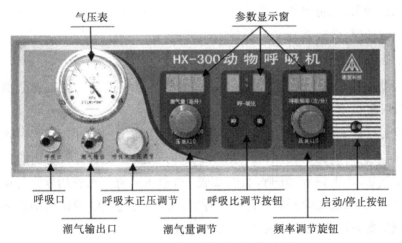

图 1-11　HX-300 动物呼吸机的前面板

①呼吸口:控制动物的呼吸气动作。

②潮气输出口:呼吸机的潮气由该口输出。

③呼吸末正压调节:8、4、2、1 四个选项组合调节正压值。

④潮气调节旋钮:调节潮气量,即顺时针旋转增大潮气量,逆时针旋转减小潮气量。

⑤呼吸比调节按钮:按"吸"或"呼"按钮改变对应的吸-呼时比值。

⑥频率调节旋钮:用于调节呼吸频率,调节方法同潮气量调节。

⑦启动/停止按钮:在"启动"或"停止"状态之间进行切换。

⑧参数调节窗口:实时显示设定的各项工作参数。

⑨气压表:显示动物呼气压力。

(2)HX-300动物呼吸机后面板各部分的功能介绍,如图1-12所示。

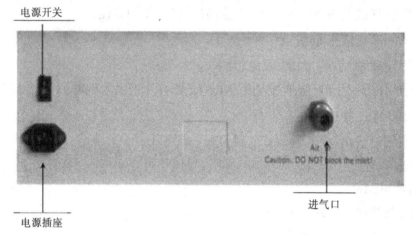

图1-12   HX-300动物呼吸机的后面板

①进气口:用于气缸进气。

②电源开关:设备电源开关。

③电源插座:外接220 V电源插座。

1.2.3.5   操作方法

①仪器准备。将主机平置,接上电源,然后将出气及呼气橡胶管分别插入潮气输出及呼气口接头,并打开电源开关。

②设置仪器参数。打开电源开关,系统将进行初始化操作,持续时间为10 s左右,此时系统将进行自检操作。系统自检完成后,可根据实验动物的种类设置相应的潮气量、呼吸频率、吸-呼时比(如表1-2所示),将三通管用软管与动物气管插管连通,按启动按钮即开始进行人工呼吸。在实验过程中需根据动物的实际机能状态调整参数设置,以保持最佳的人工呼吸。

表 1-2　不同实验动物的参数设置

实验动物	范围及样本示例		潮气量(mL)	吸-呼时比	呼吸频率（次/分）
小鼠	参数设置范围		0.5～5	(1:5)～(5:1)	80～200
	动物样本参数设置示例	样本 1(30 g)	1	5:4	160
		样本 2(28 g)	2	5:4	120
		样本 3(25 g)	2	5:4	130
		样本 4(26 g)	2	5:4	130
		样本 5(26 g)	2	5:4	120
		样本 6	2	3:2	115
		样本 7	2	3:2	94
大鼠	参数设置范围		5～20	(1:5)～(5:1)	50～120
	动物样本参数设置示例	样本 1(300 g)	6	5:4	80
		样本 2(400 g)	11	5:4	88
		样本 3	10	5:4	110
		样本 4	12	5:4	100
		样本 5	9	5:4	113
家兔	参数设置范围		20～100	(1:5)～(5:1)	20～60
	样本(2 kg)		30	5:4	35
犬	样本(12 kg)		150～200	5:4	20～25

注：此表引自杨芳炬《机能实验学》(2010 年 1 月第 1 版)。

1.2.3.6　注意事项

①电源接通后，呼吸比调节按钮一定要用一挡接通，否则呼吸机指示灯虽亮，但机器不会工作。

②当动物进行人工呼吸时，应注意及时观察所选参数对动物是否合适。在一般情况下，主要观察潮气量和呼吸频率的选择是否合适，若发现不合适，则应及时修正。

③潮气量参数与呼吸频率及吸-呼时比的参数之间有一定的关系，如果在实验中需要对后两者的值进行调整，则应将潮气量输出值重新修正到所需值。

④特别注意千万不要将呼吸末正压调节旋钮拧死，否则会导致动物呼气通路堵塞，致使动物死亡。在不使用该功能时，逆时针旋转呼吸末正压调节旋钮，尽量松开呼吸末正压调节旋钮。

⑤除动物体重外，还存在一些其他影响因素，如橡胶管路过长会增加呼吸无效腔而影响潮气量的设定；动物麻醉的深度不同，呼吸频率也会有所不同。因此，实验时需在参考上述参数设置范围的基础上，根据动物的实际机能状态及时调整参数，以达到理想的实验条件。

1.2.4 换能器

换能器是将非电生理信号转换为电信号的装置。实验中,张力、压力等非电生理信号的测定,需要将其转换成电信号的形式,才便于生物信号采集与分析系统的测量与处理。换能器的种类很多,其原理和性能各不相同,下面仅介绍动物生理学实验中常用的张力换能器和压力换能器。

1.2.4.1 张力换能器

张力换能器用于拾取肌肉收缩等张力信号,并将其转换成电信号输出至生物信号采集与分析系统。其主要用于离体肠段运动的描记、呼吸运动的调节、蛙心收缩记录与心肌特性以及肌肉与神经生理中刺激强度与反应的关系、刺激频率与反应的关系等生理实验。根据量程不同,张力换能器又可分为 0～10 g、0～30 g、0～50 g 和 0～100 g 等几种型号,如图 1-13 左图所示。

(1)使用方法。

①将张力换能器与 BL-420F 外置信号采集盒前置面板上的 CH1～CH4 生物信号输入接口中某一接口相连(从"实验项目"菜单项进入实验的,选择 CH1 接口;从"输入信号"菜单项进入实验的,可选择 CH1～CH4 任意接口)。

②将张力换能器与被测对象连接,并使连线保持适当的张力。可先将铁支架上的张力换能器降低,再将连接肌肉的丝线小心地轻系于张力换能器的应变梁上,然后轻轻地提升张力换能器至连线稍紧绷并固定在换能器上。

(2)注意事项。

①在拿放、安装、调整张力换能器时,动作应轻柔,以防损坏换能器。

②调整受力方向与应变梁方向呈直角。

③检测的张力信号不能超出该换能器的测量范围。

④实验过程中应防止试剂和水滴进入张力换能器内。

1.2.4.2 压力换能器

压力换能器主要用于测量动物的动脉血压和静脉血压,如图 1-13 右图所示。

(1)使用方法。

①将压力换能器与 BL-420F 外置信号采集盒前置面板上的某一信号接口相连,并固定在铁架台上。

②将动脉插管与压力换能器相连,并与装有肝素-生理盐水的注射器通过三通将压力换能器腔内和动脉插管内的空气完全排出。

(2)注意事项。

①检测的压力信号不能超出该压力换能器的测量范围。

②在测量液体压力时,压力换能器及相应导管内应充满抗凝液并完全排除气泡。

③当压力换能器构成闭合测压管道系统时,严禁用注射器从测压管道加压推注。

④在拿放、安装、调整压力换能器时,动作应轻柔,以防损坏换能器。

⑤使用压力换能器后应将其清洗干净并晾干,确保压力换能器腔内与大气相通。

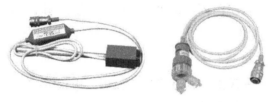

图 1-13　张力换能器(左)和压力换能器(右)

1.2.5　神经屏蔽盒

神经屏蔽盒可用于肌肉收缩、神经干动作电位引导、神经干兴奋传导速度的测定、神经干兴奋不应期的测定以及骨骼肌兴奋-收缩耦联等动物生理学实验。

1.2.5.1　结构

神经屏蔽盒由金属屏蔽盒、电极滑动槽、肌肉固定槽、换向滑轮和电极五部分组成,如图 1-14 所示。金属屏蔽盒起静电屏蔽作用,能屏蔽高频噪声信号的干扰。电极滑动槽用于固定电极位置和调节电极间的距离。肌肉固定槽用于固定腓肠肌标本。换向滑轮经过换向使换能器与腓肠肌相连。电极由一对刺激电极、两对引导电极和一根接地电极构成。引导电极通常由电阻较小的金属丝制成,如铂金丝、银丝等。

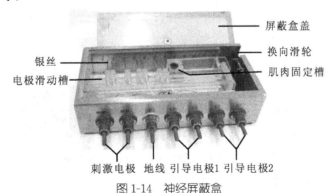

图 1-14　神经屏蔽盒

1.2.5.2　使用方法

在做神经干动作电位引导实验时,将信号输入线与屏蔽盒上第一对引导电极的两接线柱相连,同时,将刺激输出线与屏蔽盒的一对刺激电极的两接线柱相连。进行神经干兴奋传导速度测定实验时,还需要将另一根信号输入线与第二对引导电极的两接线柱连接。接着将制备好的蛙类坐骨神经干标本搭在电极上,滑动电极滑动槽,调节引导电极间的距离及其与接地电极、刺激电极间的距离,直到显示器中动作电位的波形满意为止。通常情况下,引导电极间的距离会影响动作电位的波形,接地电极与刺激电极间的距离可以影响刺激伪迹的大小。

在进行肌肉收缩、骨骼肌兴奋-收缩耦联实验时,还需将蛙类坐骨神经-腓肠肌标本的一段骨骼插入肌肉固定槽固定,并将结扎腓肠肌的棉线通过换向滑轮与换能器连接。

1.2.5.3　注意事项

①实验前用蘸有任氏液的棉球轻轻擦拭引导电极,去除表面氧化物。

②实验过程中保持标本湿润。

③在神经干上滴加任氏液时,要用干棉球吸掉过多的水珠,以防电极间短路。

1.3　动物生理学实验常用的手术器械及使用方法

动物生理学实验常用的手术器械如图 1-15 所示。

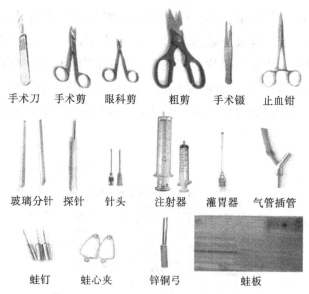

手术刀　手术剪　眼科剪　　粗剪　　手术镊　止血钳

玻璃分针　探针　针头　注射器　灌胃器　气管插管

蛙钉　蛙心夹　锌铜弓　蛙板

图 1-15　动物生理学实验常用的手术器械

1.3.1.1　手术刀

手术刀主要用于切开皮肤和脏器。手术刀片有圆刃、尖刃和弯刃 3 种。刀柄也分多种,最常用的是 4 号刀柄和 7 号刀柄。可根据手术部位、性质的需要自由拆装和更换变钝或损坏的手术刀片,如图 1-16 所示。

手术刀的基本使用方法有 4 种(如图 1-17 所示),其中执弓式是一种常用的持刀方式,其动作范围广泛而灵活,用于腹部、颈部或股部的皮肤切口。

刀片的安装　　　刀片的拆卸

图 1-16　手术刀刀片的安装和拆卸

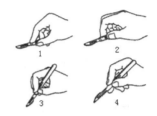

1.执弓式;2.握持式;3.执笔式;4.反挑式

图 1-17　手术刀执刀方法

1.3.1.2　手术剪

手术剪主要用于剪皮肤或肌肉等软组织;也可用来分离组织,即利用剪刀尖插入组织间隙,分离无大血管的结缔组织。手术剪分钝头剪和尖头剪,其尖端有直、弯之分。另外,还有一种小型的眼科剪,主要用于剪血管、神经、输尿管、心包膜等精细组织。一般来说,深部操作宜用弯剪,这样不致误伤。剪线大多用钝头直剪,剪毛用钝头、尖端上翘的手术剪。正确的执剪姿势是拇指与无名指分别插入剪柄的两环,中指放在无名指指环的前外方柄上,食指轻压在剪柄和剪刀片交界处的轴节处,如图 1-18 所示。粗剪刀为普通的剪刀,用来剪去动物的毛发、剪开皮肤以及剪蛙的脊柱、骨骼等粗硬组织。

图 1-18　手术剪握持方法

1.3.1.3　止血钳

止血钳主要用于夹血管或止血点,以达止血的目的;也用于分离组织、牵引缝线及把持或拔缝针等;不宜夹持皮肤、脏器及较脆弱的组织。止血钳用于止血时尖端应与组织垂直,夹住出血血管断端,尽量少夹附近组织。止血钳有直、弯和蚊式等数种。正确持钳和持剪方法相同,如图 1-19 所示。

1.3.1.4　手术镊

手术镊主要用于夹持或提起组织,以便剥离、剪断或缝合。常用的手术镊有无齿镊和有齿镊两种。有齿镊用于提起皮肤、皮下组织、筋膜、肌腱等较坚韧的组织,使其不易滑脱。但有齿镊不能用于夹持重要器官,以免造成损伤。无齿镊用于夹持神经、血管、肠壁或其他脏器及较脆弱组织,而不会造成损伤。正确的执镊方法如图 1-20 所示,执镊时应适当用力。

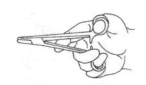 

图 1-19　正确的持钳方法　　　　图 1-20　镊子握持方法

1.3.1.5　玻璃分针

玻璃分针专用于分离神经、血管和肌肉等组织。

1.3.1.6　气管插管

气管插管通常为"Y"形管。在进行急性动物实验时,应切开气管并插入气管插管,以保证呼吸通畅。

1.3.1.7　金属探针

金属探针专门用来毁坏蛙类的脑和脊髓。

1.3.1.8　蛙心夹

使用蛙心夹时,用蛙心夹的前端在蛙心室舒张时夹住心室尖,尾端用线系在换能器上。

1.3.1.9　铜锌弓

铜锌弓是由铜条和锌条组成两臂,用锡将两者的一端焊接而成的,常被用作检验神经肌肉标本兴奋性的简便装置。当锌铜弓在极性溶液中形成回路时,锌与铜两极产生 $0.5\sim0.7$ V 的直流电压,因此,铜锌弓可用来刺激神经和肌肉,使神经或肌肉兴奋,这种刺激仅在锌铜弓与神经或肌肉接触瞬间产生,持续接触不能使神经或肌肉兴奋。使用铜锌弓时,用少许任氏液润湿,其间不可夹有很多溶液,以免短路。

1.3.1.10　蛙板

蛙板是约 20 cm $\times 15$ cm 的木板,用于固定蛙体及标本制备,可用蛙钉或大头针将蛙腿固定在板上,以便于实验。

1.3.1.11　注射器和针头

注射器有可重复使用的玻璃注射器和一次性塑料注射器,容量为 $0.1\sim100$ mL。实验中应根据注射溶液量的多少选用适当容量的注射器。针头要尖锐、不弯曲、通气、大小合适、开口光滑等。安装针头时,注意使注射器针头的斜面与注射器容量刻度标尺在同一平面上,并用旋力压紧针头。用注射器抽取药物时应将活塞推到底,排尽针筒内的空气。注射器的握持方法有平握法和执笔法两种,如图 1-21 所示。

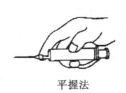

平握法　　　　　　　　　执笔法

图 1-21　注射器握持方法

使用各种手术器械后,都应及时清洗,齿间、轴间的血迹也应用小刷刷洗干净,洗净后用干布擦拭干。久置不用的金属器械应擦油保护。

1.4　动物生理学实验的基本技术与方法

1.4.1　常用的实验动物

实验动物是开展动物生理学实验教学和科学研究试验的必备条件。为了获得理想的实验结果,应根据实验的目的和要求,正确地选择和准备实验动物。a.种属,应结合动物解剖的生理特点、生理反应和药物敏感性等选择相应的种属、品种和品系。b.个体,选择个体时首先要挑选健康的动物。其次,考虑动物的年龄、性别、体重和生理状态等,尽量减少个体差异的影响,保证实验结果的可靠性。c."3R"原则,动物实验设计必须遵循"3R"(减少、替代、优化)原则,在保证实验正常进行的前体下,尽量减少实验动物的数量,寻求替代方法、优化实验设计和操作,减轻动物的痛苦。下面简单介绍常用实验动物的特点及其在动物生理学实验中的应用。

1.4.1.1　蟾蜍与蛙

蟾蜍与蛙属于两栖纲、无尾目,是变温动物。蟾蜍和蛙的一些基本的生命活动与恒温动物相似,而且离体组织、器官所需的生活条件比较简单,容易控制和掌握,因此,被用于多个动物生理学实验教学中。a.用蟾蜍(蛙)腓肠肌和坐骨神经可观察外周神经及其肌肉的功能,研究兴奋性、兴奋、兴奋的传导、肌肉的收缩等基本生理现象。b.蟾蜍(蛙)的离体心脏可用于研究心脏的生理功能及药物对心脏的影响。c.可进行脊休克、脊髓反射、反射弧等整体实验研究。d.蛙肠系膜是观察微循环的良好标本。此外,蟾蜍还可用于生殖生理、药理学、胚胎发育、免疫学等的研究。

1.4.1.2　家兔

家兔属于哺乳纲、啮齿目、兔科。家兔品种很多,常用的有青紫兰兔(体质强壮,适应性强,易于饲养,生长快)、中国本地兔(如白家兔,其抵抗力不如青紫兰兔)、新西兰白兔(该兔是近年来引进的大型优良品种,成熟体重可达 4.5 kg)和大耳白兔(耳朵长而大,血管清晰,皮肤呈白色,但抵抗力较差)。

家兔易于饲养和繁殖,性情温顺,常用于动物实验。兔耳血管丰富,耳缘静脉浅表,易暴露,常用于止血药物的研究,是静脉给药的最佳部位;家兔的减压神经在颈部与迷走神经、交感神经分开而单独成为一束,常用于心血管反射活动、呼吸运动调节、泌尿功能调节的研究;家兔的消化道运动活跃且运动形式典型,可用于消化道运动及平滑肌特性的研究;家兔的大脑皮层运动区功能定位已具有一定的雏形,因此,兔也常用于大脑皮层功能定位和去大脑僵直、神经放电活动等实验;家兔的体温变化较敏感,常用于体温实验。此外,家兔还用于生殖生理学、免疫学、药理学、毒理学、眼科以及临床疾病的研究。

1.4.1.3　小鼠

小鼠属于哺乳纲、啮齿目、鼠科。小鼠的体型较小,成熟早,繁殖力强。小鼠性情温顺,易于捕捉,操作方便,且可以复制出多种疾病模型,因而广泛用于多种生理学实验,如用于生理学小脑功能障碍等实验。此外,小鼠的实验研究资料丰富、参考对比性强,其实验结果的科学性、可靠性和重复性高,也被广泛用于各类科研实验,如生理学、药理学、肿瘤学、遗传学、免疫学以及临床疾病的实验研究。

1.4.1.4　大鼠

大鼠属于哺乳纲、啮齿目、鼠科。大鼠的性情不如小鼠温顺,受惊吓或捕捉方法粗暴时,表现凶暴且易咬人。但大鼠具有小鼠的其他优点,因此,常用于以下实验:a. 大鼠离体器官可进行大鼠离体静态肺顺应性实验。b. 整体可用于胃酸分泌、胃排空、垂体、肾上腺系统的研究。c. 大鼠无胆囊,可做胆管插管收集胆汁。d. 大鼠的大脑各部位的生理功能立体定位已相当成熟和标准化,是研究中枢神经系统的极好材料。大鼠还用于生殖生理、胚胎学、营养学、药理学、毒理学、肿瘤学以及遗传学的实验研究。

1.4.1.5　豚鼠

豚鼠又称荷兰猪,属于哺乳纲、啮齿目、豚鼠科。豚鼠的性情温和,常用于以下实验研究:a. 耳蜗管发达,听觉灵敏,在生理学上用于耳蜗微音器电位实验,也用于临床听力实验研究。b. 豚鼠自身不能合成抗坏血酸,是研究实验性抗坏血酸症的理想动物。除此之外,豚鼠还用于离体心脏及肠、子宫平滑肌实验,其乳头肌和心房肌常用于心肌细胞电生理特性及动作电位实验,也用于传染病、变态反应等实验研究。

1.4.1.6　猫

猫属于哺乳纲、食肉目、猫科。猫的血压较稳定,大脑和小脑均很发达,头盖骨和脑的形状固定,是脑神经生理学的较好实验动物。在生理学实验中,用电极探针插入猫大脑各部位的生理学研究现已完全标准化,可以在清醒条件下研究神经递质等活性物质的释放和条件反射,以及外周神经与中枢神经的联系。还可做去大脑僵直、交感神经的瞬膜和虹膜反应以及呼吸、心血管反射的调节实验等。此外,猫也用于药理学和临床疾病的实验研究。

1.4.1.7　狗

狗属于哺乳纲、肉食目、犬科。狗的听觉、嗅觉灵敏,反应敏捷,对外界环境的适应能力强;易饲养,可调教,能很好地配合实验研究。狗具有发达的血液循环与神经系统,其内脏构造及比例与人的相似,是较理想的实验动物。在动物生理学中,狗常用于心血管系统、脊髓传导、大脑皮层功能定位、条件反射、内分泌腺摘除和各种消化系统功能的实验研究。

1.4.1.8　鸡和鸭

鸡和鸭同属于鸟纲,鸡为鸡形目、雉科,鸭为雁形目、鸭科。在动物生理学中,鸡和鸭常用于血细胞计数、消化、内分泌学和产蛋等实验研究。

1.4.1.9　山羊和绵羊

山羊和绵羊属于偶蹄目、反刍亚目、牛科、羊亚科。山羊和绵羊常用于反刍动物消化生理实验,奶山羊还可用于泌乳实验。

1.4.1.10　猪

猪属于偶蹄目、猪科。猪便于饲养管理和实验处理,特别是一些小型的猪品种,因此,也是重要的动物生理学和医学研究对象。猪主要用于心血管系统、消化系统、皮肤结构、骨髓发育以及营养需要、矿物质代谢等实验研究。

1.4.2　常用实验动物的抓取和保定

1.4.2.1　蛙和蟾蜍

通常以左手握持,食指和中指夹住蛙或蟾蜍的左前肢,拇指压住其右前肢,右手将下肢拉直,再用左手无名指及小指夹住,如图 1-22 所示。

图 1-22　蟾蜍捉持方法

1.4.2.2　小鼠

①双手法。用手提起鼠尾,放在鼠笼盖或其他粗糙物上面,向后方轻拉鼠尾,此时小鼠的前肢抓住粗糙面不动,迅速用左手拇指和食指捏其双耳间颈背部皮肤,无

名指、小指和掌心夹其背部皮肤和尾部,便可牢固捉持小鼠,如图 1-23 所示。

②单手法。将小鼠置于鼠笼盖上,先用拇指和食指抓住小鼠尾巴,用小指、无名指和手掌压住尾根部,再用腾出的拇指、食指及中指抓住鼠的双耳及头部皮肤并将其固定,如图 1-24 所示。

图 1-23　小鼠双手捉持方法　　　　图 1-24　小鼠单手捉持方法

1.4.2.3　大鼠

右手提鼠尾,放在鼠笼盖或其他粗糙表面上,向后方轻拉鼠尾,使大鼠的前肢固定在粗糙表面上,左手拇指和另外四指从大鼠背部分别绕到大鼠的两侧腋下,将大鼠抓起,如图 1-25 所示。捉持大鼠时用力要适当,若用力过小,则大鼠容易挣脱而导致人被咬伤;若用力过大,则会使其窒息死亡。大鼠比小鼠的攻击性强,不宜快速或突然抓取。

图 1-25　大鼠捉持方法

1.4.2.4　豚鼠

豚鼠的性情温和,可直接用左手抓住其身体即可;或用左手抓住其头颈部,右手抓住两后肢,如图 1-26 所示。

图 1-26　豚鼠捉持方法

1.4.2.5　家兔

①抓取。多数实验用家兔饲养在笼内,所以,抓取较为方便,一般右手抓住兔颈背部的皮肤,将兔轻轻提起,然后左手托其臀部或腹部,让其体重重量的大部分集中在左手上,如图 1-27 所示。这样可避免动物在抓取过程中受伤,但不能采用抓双耳或抓提腹部的方式。

图 1-27　家兔捉持方法

②固定。家兔的固定通常有盒式、台式和马蹄形三种。盒式固定如图1-28A所示,适用于兔耳采血、耳血管注射等情况。若做血压测量、呼吸等实验和手术时,则需将家兔固定在兔台上(如图 1-28B 所示),四肢用粗棉绳活结绑住,并拉直四肢,将绳绑在兔台四周的固定物上,头用固定夹固定或用一根粗棉绳挑过兔门齿绑在兔台铁柱上。马蹄形固定(如图 1-28C 所示)多用于腰背部,尤其是颅脑部位的实验。固定时先剪去两侧眼眶下部的毛皮,暴露颧骨突起,调节固定器两端的钉形金属棒,使其正好嵌在突起下方的凹处,然后在适当的高度固定金属棒。马蹄形固定器可使家兔取背卧位和腹卧位,因此,是研究中常用的固定方法。

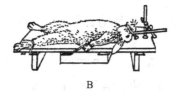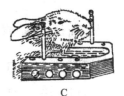

A　　　　　　　　　B　　　　　　　　　C

图 1-28　家兔固定方法

1.4.2.6　狗

未经训练且用于急性实验的狗凶恶,能咬人,因此,实验的第一个步骤就是绑住狗嘴。绑驯服的狗嘴时可从侧面靠近,轻轻抚摸其颈背部皮毛,然后迅速用布带缚住其嘴。方法是用布带迅速兜住狗的下颌,绕到上颌打一个结,再绕回下颌下打第二个结,然后将布带引至头后颈项部打第三个结,并多系一个活结(以防麻醉后解脱)。注意捆绑松紧度要适宜,如图 1-29 所示。如果该法不成,需用狗头钳夹住其颈部,并将狗按倒在地,再绑其嘴。如实验需要静脉麻醉时,可先使狗麻醉后再移去狗头钳,解去绑嘴带,把狗放在实验台上,然后固定头部,再固定四肢。

图 1-29　狗嘴捆绑方法

固定狗头需用一种特制的狗头固定器,如图 1-30 所示。狗头固定器是一个圆铁圈,铁圈的中央有一块弓形铁,与棒螺丝相连,下面有一根平直铁闩。操作时先将狗舌拉出,把狗嘴插入固定器的铁圈内,再用平直铁闩横贯于犬齿后部的上下颌之间,然后向下旋转棒螺丝,使弓形铁逐渐下压在动物的下颌骨上,把铁柄固定在实验台的铁柱上即可。如采取仰卧位,则四肢固定方法与家兔相同。

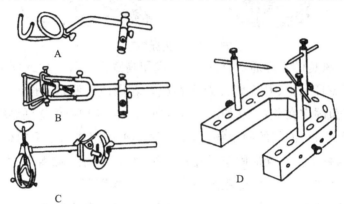

A.兔用;B.猫用;C.狗用;D.马蹄形头位固定器

图 1-30　动物头夹和头固定器

1.4.3　实验动物常用的给药方法

1.4.3.1　经口投药法

(1)口服法。口服法是将药物溶于饮水或混入动物饲料内,让动物自行摄入。该方法不仅方便简单,而且给药时动物也接近自然状态,不会引起动物应激反应,适用于多数动物的慢性药物干预实验,如抗高血压药物的药效等。其缺点是动物在饮水和进食过程中,总有部分药物损失,且药物的摄入量计算不准确,而且由于动物本身状态、饮水量和摄食不同,药物摄入量不易保证,因而影响药物作用分析的准确性。

(2)灌服法。灌服法是将动物进行适当的固定,强迫动物摄入药物。这种方法能准确把握给药时间和剂量,及时观察动物的反应,适用于急性和慢性动物实验。但经常强制性操作易引起动物的不良生理反应,甚至操作不当引起动物死亡,故应熟练掌握该项技术。强制性给药方法主要有以下两种:

①固体药物口服。一人操作时用左手从背部抓住动物头部,同时用拇指、食指压迫动物口角部位使其张口,右手用镊子夹住药片,放于动物舌根部位,然后让动物闭口吞咽下药物。

②液体药物灌服。小鼠与大鼠一般由一人操作,左手捏持小鼠的头、颈、背部皮肤,或握住大白鼠以将其固定,使动物腹部朝向术者,右手将连接注射器的硬质胃管由口角处插入口腔,用胃管将动物头部稍向背侧压迫,使口腔与食管成一直线,将胃管沿上颚壁轻轻插入食道,小鼠一般用 3 cm 的胃管,大鼠一般用 5 cm 的

胃管(如图 1-31 所示)。插管时应注意动物的反应,如插入顺利,则动物安静,呼吸正常,同时可注入药物;如动物剧烈挣扎或插入有阻力,则应拔出胃管重插,若将药物灌入气管,可致动物立即死亡。

图 1-31　小鼠灌胃方法

给家兔灌服时宜用兔固定箱或由两人操作。助手取坐位,用两腿夹住动物腰腹部,左手抓住兔的双耳,右手握持前肢,以固定动物;术者将木制开口器横插入兔口内并压住其舌头,将胃管经开口器中央小孔沿上腭壁插入食道约 15 cm,将胃管外口置于一杯水中,看是否有气泡冒出,检测是否插入气管,确定胃管不在气管后,即可注入药物(如图 1-32 所示)。

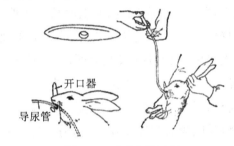

开口器

导尿管

图 1-32　家兔灌胃方法

1.4.3.2　注射给药

(1)淋巴囊注射。青蛙与蟾蜍皮下有多个淋巴囊,该处注射药物易于吸收,因此,淋巴囊注射适于该类动物全身给药。常用注射部位为胸、腹和股淋巴囊。为防止注入药物自针眼处漏出,做胸淋巴囊注射时应将针头刺入口腔,由口腔组织穿刺到胸部皮下,注入药物。做股淋巴囊注射时应由小腿皮肤刺入,经膝关节穿刺到股部皮下,注射药液量一般为 0.25～0.5 mL(如图 1-33 所示)。

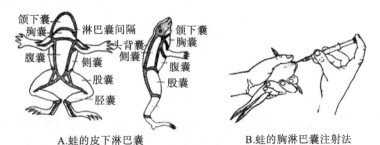

颌下囊
胸囊
腹囊
淋巴囊间隔
侧囊
股囊
胫囊

颌下囊
头背囊
胸囊
腹囊
侧囊
股囊

A.蛙的皮下淋巴囊　　　　　　　B.蛙的胸淋巴囊注射法

图 1-33　蛙淋巴囊注射方法

(2)皮下注射。皮下注射是将药物注射于皮肤与肌肉之间,适合于所有哺乳动物。实验动物皮下注射一般由两人操作,也可由熟练者一人完成。助手将动物固定,术者左手捏起皮肤,形成皮肤皱褶,右手持注射器刺入皱褶皮下,将针头轻轻左右摆动(如摆动容易,表示已刺入皮下),再轻轻抽吸注射器,确定没有刺入血管后,将药物注入(如图 1-34 所示)。拔出针头后应轻轻按压针刺部位,以防药液漏出,并可促进药物吸收。

图 1-34　小鼠皮下注射方法

（3）肌肉注射。肌肉血管丰富,药物的吸收速度快,故肌肉注射适合于几乎所有的水溶性和脂溶性药物,特别适合于狗、猫、兔等肌肉发达的动物。而小白鼠、大白鼠、豚鼠因肌肉较少,肌肉注射稍困难,必要时可选用股部肌肉。肌肉注射一般由两人操作,而小动物也可由一人完成。助手固定动物,术者左手指轻压注射部位,右手持注射器刺入肌肉,回抽针栓(如无回血,表明未刺入血管),将药物注入,然后拔出针头,轻轻按摩注射部位,以助药物吸收。

（4）腹腔注射。腹腔的吸收面积大,药物吸收速度快,故腹腔注射适合于多种刺激性小的水溶性药物,是啮齿类动物常用的给药途径之一。腹腔注射的穿刺部位一般选在下腹部正中线两侧,该部位无重要器官。腹腔注射可由两人完成,也可由熟练者一人完成。助手固定动物,使动物腹部向上,术者在选定部位将注射器针头刺入皮下,使针头与皮肤成 45°夹角缓慢刺入腹腔,如针头与腹内小肠接触,则一般小肠会自动移开,故腹腔注射较为安全(如图 1-35 所示)。刺入腹腔时,术者可感觉阻力突然减小,再回抽针栓,确定针头未刺入小肠、膀胱或血管后,缓慢注入药液。

图 1-35　小鼠腹腔注射方法

（5）静脉注射。静脉注射是将药物直接注入血液,无需经过吸收阶段,其药物作用最快,是急、慢性动物实验最常用的给药方法。静脉注射给药时,不同种类的动物由于其解剖结构不同,应选择不同的静脉血管。

①兔耳缘静脉注射。将家兔置于兔固定箱内,没有兔固定箱时,可由助手将

家兔固定在实验台上。剪除兔耳外侧缘被毛,用乙醇轻轻擦拭或轻揉耳缘局部,使耳缘静脉充分扩张。左手拇指和中指捏住兔耳尖端,食指垫在兔耳注射处的下方(或食指、中指夹住耳根,拇指和无名指捏住耳的尖端),右手持注射器由近耳尖处将针(6 号针头或 7 号针头)刺入血管(如图 1-36 所示)。再顺血管腔向心脏端刺进约 1 cm,回抽针栓(如有血,则表示已刺入静脉),然后左手拇指、食指和中指将针头和兔耳固定好,右手缓慢推注药物入血液。如感觉推注阻力很大,并且局部肿胀,表示针头已滑出血管,应重新穿刺。注意:在兔耳缘进行静脉穿刺时,应尽可能从远心端开始,以便重复注射。

图 1-36　兔耳缘静脉注射示意图

　　②小鼠与大鼠尾静脉注射。小鼠尾部有 3 根静脉,两侧和背部各 1 根,两侧的尾静脉更适合于静脉注射。注射时先将小鼠置于鼠固定筒内或扣在烧杯中,让尾部露出,用乙醇或二甲苯反复擦拭尾部或浸于 40～50 ℃的温水中加热 1 min,使尾静脉充分扩张。术者左手拉尾尖部,右手持注射器(以 4 号针头为宜),将针头刺入尾静脉,然后左手捏住鼠尾和针头,右手注入药物(如图 1-37 所示)。如推注阻力很大,且局部皮肤变白,表示针头未刺入血管或滑脱,应重新穿刺,注射药液量以每只 0.15 mL 为宜。幼年大鼠也可做尾静脉注射,方法与小鼠相同,但成年大鼠的尾静脉穿刺困难,不宜采用尾静脉注射。

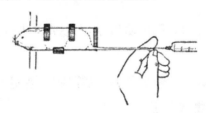

图 1-37　小白鼠尾静脉注射方法

　　③狗静脉注射。狗的前肢小腿前内侧有较粗的头静脉,后肢外侧有小隐静脉,是狗静脉注射较方便的部位。注射时先剪去该部位被毛,并用酒精消毒。用压脉带绑扎肢体根部,或由助手握紧该部位,使头静脉充分扩张。术者左手抓住肢体末端,右手持注射器刺入静脉,此时可见明显回血,然后放开压脉带,左手固定针头,右手缓慢注入药物(如图 1-38 所示)。

A.狗的后肢外侧小隐静脉注射法   B.狗的前肢下侧皮下头静脉注射法

图1-38　狗静脉注射方法

1.4.4　实验动物处死术

1.4.4.1　空气栓塞法

将一定量的空气注入动物静脉,可引起气体栓塞、组织缺血缺氧,造成动物很快死亡。一般兔、猫等静脉内注入20~40 mL空气,狗注入80~150 mL空气,可很快致死。

1.4.4.2　急性失血法

一次性抽取大量的心脏血液,可使动物很快死亡;切断动物静脉或动脉放血,使之失血而死;将大鼠、小鼠的眼球摘除,导致其大量失血而死。

1.4.4.3　二氧化碳吸入法

用二氧化碳箱或塑料袋处死小动物,也可用干冰处死小动物。

1.4.4.4　颈椎脱臼法

颈椎脱臼法常用于小鼠和大鼠。左手拇指和食指用力按住鼠的头后部,右手抓住鼠尾用力上拉,造成颈部脱臼而死。

1.4.4.5　击打法

击打法常用于豚鼠和兔。倒提动物,用木棍或手击打其延髓部而致死。

1.4.4.6　断头法

用断头器或锋利的剪刀切断小鼠、大鼠等颈部,多用于获取实验材料。

1.4.4.7　化学药物致死法

静脉内注入一定量的KCl溶液,使动物心肌失去收缩能力、心脏急性扩张,导致心脏迟缓性停跳而死亡。成年兔由耳缘静脉注入10%KCl溶液5~10 mL,成年狗由前肢头静脉或后肢小隐静脉注入10% KCl溶液20~30 mL,即可致死。

1.4.4.8　破坏脑脊髓法

破坏脑脊髓法常用于蟾蜍和青蛙。左手握住蟾蜍或青蛙,食指按压其头部,使头前俯;右手持探针从枕骨大孔处垂直刺入,向前刺入颅腔,左右搅动毁损脑组织。然后将探针退至进针处,倒转针尖刺入脊管,捣毁脊髓,直至蟾蜍四肢肌肉完全松软。操作过程中要防止蟾蜍毒腺分泌物溅入实验者的眼内,如发生这种情况,需立即用生理盐水或清水冲洗眼睛。

1.4.5　实验常用的手术方法

1.4.5.1　颈静脉插管术

颈静脉插管术主要用于输液、取血、给药和测量中心静脉压。动物在不麻醉状态下侧卧或站立保定,颈部剪毛、消毒。左手拇指横压颈静脉沟,使血管充盈怒张。右手持针头或特制套管针(针管内装有充满肝素生理盐水的导管),在颈静脉上方迅速地刺入静脉内,将导管送入血管内至所需长度后,松左手压住血管内的导管,退出针头见导管回血后再注入肝素生理盐水,并堵塞外周端,用胶布固定导管及塞子。最后在导管进入皮肤处缝合固定。

1.4.5.2　颈动脉插管术

颈动脉插管术主要用于测量动脉血压或放血,常用于牛、羊,手术按无菌操作进行。将动物侧卧保定于手术台上,颈部剪毛、消毒,用 0.3%~0.5% 盐酸普鲁卡因溶液做局部浸润麻醉。沿颈静脉沟切开皮肤,钝性分离肌肉,暴露颈动脉约 4 cm,于血管下放置两根丝线,用动脉夹分别夹住所分离血管的两端;在动脉管上用无损伤缝合针在动脉段的离心端做荷包缝合,用眼科剪作一小切口,插入准备好的充满肝素生理盐水的动脉套管,收紧荷包缝合线,松开动脉夹后将导管稍稍推进再打结固定。导管可经皮下由颈部背侧通至体表,按常规缝合皮肤。

1.4.5.3　气管插管术

气管插管术主要用于实验过程中动物的辅助呼吸以及呼吸的描记等。将动物麻醉后仰卧固定,剪去颈部正中的毛,用剪刀沿正中线剪开颈部皮肤,钝性分离皮下组织,然后仔细观察,确认没有较大血管时用剪刀剪开,顺着肌纤维分开颈正中的胸骨舌骨肌,即可见气管。用止血钳将气管与背后的组织游离,在气管下放置丝线备用。在气管中段,于两软骨环之间横向剪开气管口径 1/2,再向头端作一纵向切口,向心端插入气管插管,然后用丝线结扎固定。如切开气管时,发现气管内有血液和黏液,要用干棉球吸干净后再插入气管插管。结扎好气管插管后,为防止其在实验过程中脱落,还要将结扎线在气管插管的侧管上打结固定好。

1.4.5.4　颈部神经(迷走神经、交感神经和减压神经)分离术

迷走神经的分离主要用于观察心血管活动的神经调节实验,减压神经分离主要用于观察神经放电。在气管两侧的任一侧将气管上方的皮肤及肌肉拉开,即可见到与气管平行的颈总动脉,用拇指和食指将切开的皮肤肌肉提起并向外翻,同时另外三指在皮肤外面向上顶,即可见到与颈总动脉平行的一束神经,包括迷走

神经、交感神经和减压神经;仔细辨认 3 条神经,迷走神经最粗,交感神经较细,减压神经最细(如毛发粗细)且常与交感神经紧贴在一起。可用玻璃分针分离出其中所需神经,一般长 3~5 cm,在其下穿两根生理盐水湿润的丝线以便将其提起,必要时可于神经表面滴 2~3 滴液状石蜡,使其保持湿润。

1.4.5.5　腹部手术

(1)兔输尿管插管术。将家兔麻醉后仰卧固定于兔手术台上,剪去中下腹部毛,由耻骨联合上方沿正中线向上作约 5 cm 长切口,沿腹白线切开腹壁和腹膜,将膀胱轻移出体外并向上翻而暴露膀胱三角,仔细辨认输尿管,再将输尿管与周围组织轻轻分离 1 cm 左右,备双线。用线将输尿管膀胱端结扎,于结扎上部剪"V"形切口,将已充满生理盐水的细输尿管从膀胱端朝肾脏端插入输尿管内,用线结扎固定妥当。如插入得当,可见尿液从插管中慢慢滴出。

(2)兔胆总管插管术。沿剑突下正中切开约 10 cm 切口,打开腹腔,沿胃幽门端找到十二指肠,在十二指肠背面可以见到一根黄绿色较粗的管道,即胆总管。在十二指肠处小心分离胆总管,分离完毕后,在其下方放置 2 根丝线,先用其中一根丝线结扎胆总管至十二指肠入口处,再在其上方剪一斜切口,朝胆囊方向插入细塑料管,可见绿色胆汁流入插管,然后用另一根丝线结扎固定。

1.4.5.6　左心室插管术

按前法分离颈总动脉,从右侧颈总动脉插管入左心室,注意插入方向应稍向左。插入 3~4 cm 后,一边观察生物信息采集与分析系统的血压显示和计算机荧光屏的图形,一边插入,直到血压出现负值和左心室压波形出现,同时固定插管(注意:在插管抹上液状石蜡,以减小摩擦,手法要轻,尽量减少受刺激后血管收缩或用力过猛而刺破血管,如遇阻力,可旋转、退后,再前插)。

1.4.5.7　瘤胃瘘管安装术

动物站立保定于保定架内,肌注速眠新(肌松剂、镇静剂,牛每千克体重用 0.005~0.015 mL,羊每千克体重用 0.1~0.15 mL),左肷部以 0.25% 普鲁卡因行局部浸润麻醉,常规处理术野。在左侧肋骨后缘 3~4 cm(羊)处,自腰椎横突下 3 cm(羊)或 5 cm(牛)起垂直切开皮肤 5~6 cm(羊)或 20 cm(牛),在瘤胃与腹壁间围以纱布,在瘤胃壁血管较少处,将瘤胃壁与皮肤做 4~6 针临时缝合(防止食糜流入腹腔);做二道荷包缝合,只通过浆膜及肌层,不通过黏膜,大小视瘘管而定。然后全层切开瘤胃壁,装入瘘管后,收紧荷包缝合线,塞上瘘管塞子,拆去临时缝合线,将瘘管纳入腹腔,分两层缝合腹壁肌肉,注意瘘管在体表的位置(应视瘤胃的自然位置,但以稍偏上为宜),结节缝合皮肤。进行常规术后处理,1 周后拆线,可用于实验,如图 1-39 所示。

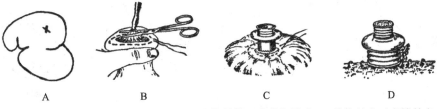

A. 荷包缝合线的部位；B. 切除一块胃黏膜；C. 回绕做第二次荷包缝合；D. 缠绕纱布于瘘管外盘之下

图 1-39　瘤胃瘘管安装

1.4.5.8　十二指肠体外吻合瘘安装术

腰部神经传导麻醉后，将动物左侧卧固定于手术台上，进行常规手术处理。术部施浸润麻醉后，在右肷部腰椎横突下正中垂直切开皮肤 5～7 cm，沿十二指肠管一周缝两条细丝线，两线间相距 0.5 cm，缝线只穿过浆膜与肌层。然后将中间两道缝线分别收紧结扎，于两结扎间将肠管切断，断端用碘酊涂敷消毒，并塞入肠内，收紧并结扎另外二道缝线，制成盲端。在离盲端 1～2 cm 的肠壁上各做一椭圆形荷包缝合，切开肠壁后分别装入吻合瘘，在两个吻合瘘上，于肠壁与腹膜间各装一个带有多个孔的塑料垫片以固定瘘管；用手术刀在附近腹壁上另开一创口，以固定一个瘘管，另一瘘管可在手术创口内固定，使两瘘管口相对距离为 5～7 cm，逐层缝合腹膜、肌肉、皮肤，吻合瘘管间用软塑料管连接。7 天后拆线可进行实验，如图 1-40 所示。

图 1-40　十二指肠体外吻合瘘管安装

1.4.5.9　猪隔离小胃手术

将猪常规麻醉后仰卧保定，切开腹腔，拽出一半胃体于腹外，在欲制备隔离小胃的胃体部位，用两把肠钳平行夹住胃体，中间相距 1.5～2 cm。在两肠钳中间切开一侧胃壁及对侧胃壁的黏膜，沿黏膜切口稍作剥离，然后缝合小胃两侧的黏膜；第一道黏膜连续缝合，第二道黏膜连续内翻缝合，尤其应注意两端的黏膜内翻，以防止大小胃相通。取下小胃侧肠钳，继续缝合大胃两侧的黏膜，这样形成了互不相通的大小两胃。拽一块大网膜夹于大小胃之间，然后再缝合大小胃壁的浆膜及肌层，在大小胃上分别安装瘘管，并穿过腹壁固定于体表。手术当天将大小胃瘘管敞开，第二天大小胃瘘间便是没有食糜的纯净胃液。用此法制备的隔离小胃，大小胃完全隔开，而大部分肌肉和浆膜连接正常，且神经联系基本上不受影响。因此，小胃的活动能真实地反应大胃内消化活动的情况，如图 1-41 所示。

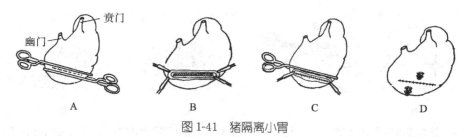

图 1-41　猪隔离小胃

1.4.5.10　胃肠道平滑肌电极埋植术

研究胃肠道平滑肌电活动的电极多采用铂、不锈钢、镍铬合金、银等材料制作而成，大小和形状视不同动物而定。

(1)电极制备。记录平滑肌电活动的电极可采用双极记录电极和单极记录电极两种。双极电极的制备方法：在长 13 mm、宽 7 mm 的矩形塑料片上穿两个小孔，恰容许所用电线通过，孔距为 5～6 mm。导线顶端焊接直径约为 1.5 mm 的圆形银片，银片与塑料片之间加套小塑料圈，使银片突出塑料片 2 mm 左右。在塑料片四角打 4 个小孔，用于电极在肠壁的缝植。其中双极银-氯化银电极如图 1-42 所示。

图 1-42　双极银-氯化银电极

单极电极的制备方法：用铂金片制成圆形、椭圆形等形状的电极片，再把长短适宜的铜绝缘电线与铂片焊接即可。

(2)电极埋植。根据实验目的，可于胃肠道不同部位埋植数个(或数对)电极。若研究山羊瘤胃电极活动，则按瘤胃瘘管手术法暴露瘤胃背囊，避开血管做荷包缝合后切开浆膜，将电极埋植到胃壁浆膜下，每隔 4～6 cm 埋植一个，供实验时选用。常规闭腹，将电极导线引到体外，缝合固定于皮肤上，拆线后即可用于实验。

动物常规手术护理

术前一天禁食，不限饮水，术部剃毛，肌注抗生素。术中肌注阿托品以防止流涎。手术后注意保暖，苏醒前注意保持呼吸道畅通，及时吸除口、鼻腔分泌物。如施行消化道手术，术后第一天不喂粗饲料，此后逐渐过渡至正常。为防止术后感染，可肌注抗生素 3 天。如有引流管、导管或瘘管时，则要定时清洁、通畅。一般于术后7～10 天拆线。

1.5　实验动物常用的取血法

1.5.1　小鼠、大鼠取血法

(1)颈静脉或颈动脉取血。将麻醉的小鼠或大鼠背位固定,剪去一侧颈部外侧毛,做颈静脉或颈动脉分离手术。当动脉、静脉暴露后,于血管下各穿一根丝线,以便提起血管,这时即可用注射针沿血管平行方向朝向心端刺入,抽取所需血量。体重为 20 g 的小鼠可取血 0.6 mL 左右,体重为 300 g 的大鼠可取血 8 mL 左右。

(2)股静脉或股动脉取血。小鼠或大鼠经麻醉后背位固定,做左或右腹股沟处动、静脉分离手术,于血管下分别穿一根丝线,以便提拉血管;右手持注射器将注射针平行于血管刺入,即可取血。若需连续多次取血,则取血部位尽量靠离心端。

(3)心脏取血。将小鼠或大鼠仰卧于固定板上,剪去心前区的被毛,用酒精消毒皮肤。在左胸侧第 3~4 肋间,用左手食指触摸心搏动处,右手持注射器刺入心腔,此时血液随心脏搏动而进入注射器。也可切开胸腔,直接从心脏内抽取血液。

(4)尾尖取血。小鼠或大鼠麻醉后,将其尾巴于 50 ℃热水中浸泡数分钟,擦干后剪去尾尖(小鼠尾尖长 1~2 mm,大鼠尾尖长 5~10 mm),然后自尾根部向尾尖按摩,血自尾尖流出,让血液滴入容器或直接用吸管吸取。若需连续取血,则每次将鼠尾剪去很小一段,取血后可用棉球压迫止血,并用 60% 液体火棉胶涂于尾巴伤口处,使其结一层薄膜以保护伤口,此法每次取血 0.3 mL。还可用锐利的刀片每次切割一段鼠尾静脉,每次取血 0.5 mL,鼠尾的 3 根静脉可交替切割,切割后用棉球压迫止血,这种方法适用于大鼠。

(5)眶动脉和眶静脉取血。先将小鼠或大鼠倒持,压迫眼球使其突出充血后,用止血镊迅速摘去眼球,眼眶内很快流出血液,直到血液漏完为止。一般可取动物体重 4%~5% 的血液量,此法只宜一次使用。

(6)眼眶后静脉丛取血。用玻璃管制成长 7~10 cm 的取血管,其一端是内径为 1~1.5 mm 的毛细管,另一端逐渐扩大成喇叭形,毛细管段长约为 1 cm。预先将取血管浸入 1% 肝素溶液中,取后干燥。左手抓住鼠两耳之间的头部皮肤,使头部固定,并轻轻向下压迫颈部两侧,引起头部静脉血液回流困难,使眼球充分外突。右手持取血管,将其尖端插入下眼睑与眼球之间,轻轻向眼底部方向移动,在该处旋转取血管以切开静脉丛。将取血管保持水平,稍加吸引,血液即流入取血管中(如图 1-43 所示)。

当取血完毕,拔出取血管,同时放开左手,即可使出血停止。此法适用于小鼠、大鼠、豚鼠、兔等动物,并可在数分钟后在同一穿刺孔重复取血。

图 1-43　小鼠眼眶后静脉丛取血方法

(7)断头取血。用剪刀迅速剪掉鼠头,立即将鼠颈向下,提起鼠后血液可流入已准备好的容器中。

1.5.2　豚鼠取血法

(1)心脏取血。背位固定豚鼠,左手食指触摸心脏搏动处,于胸骨左缘第 4~6 肋间腔将注射器刺入心脏,血液随心脏搏动而进入注射器。部分可取血 5~7 mL,采血量可达 20 mL。

(2)背中足静脉取血。一人固定豚鼠,将其左或右后肢膝关节伸直,另一人用酒精消毒脚背面,找出背中足静脉后,左手拉住豚鼠趾端,右手拿注射针刺入静脉;拔针后立即出血并取血,采血后用纱布或棉球压迫止血。若需反复取血,则两后肢可交替使用。

1.5.3　兔取血法

(1)心脏取血。将兔仰卧固定,左手触摸胸廓左侧第 3~4 肋间隙,选择心搏最明显处穿刺。一般在胸骨左缘 3 mm 处将针头插入第 3~4 肋间隙。当针头顺利刺入心脏时,可感觉针尖随心脏搏动,由于心搏的力量,血液会自然涌入注射器。如认为针头已刺入心脏但未出血时,可将针头缓慢退回一点即可。针头刺入失败时应拔出重新操作。切忌针头在胸腔内左右摆动,以免损伤心脏和肺而致死。每次取血不宜超过 25 mL,1 周后可以重复进行心脏采血。

(2)耳中央动脉取血。将兔于固定箱内固定,左手固定兔耳,右手取注射器,在中央动脉的末端,沿着动脉平行地向心方向刺入动脉,进行取血,此法一次可抽 15 mL 血量。因中央动脉易发生痉挛,故当血管扩张后,应迅速抽血,不宜等待过长时间。

(3)耳缘静脉取血。将兔固定在兔箱内或仰卧固定于兔台上,在耳背处找到耳缘静脉,拔去采血部位的被毛,用小血管夹夹紧耳根部,并用二甲苯或酒精棉球涂擦局部,使血管扩张,再用 5 号或 6 号针头刺入血管内徐徐抽动针栓取血。如取血量不多时,可以用粗大针头或刀片直接刺破血管,让血液自然流出,或用取血管吸血,或直接滴入试管中。采血完毕,用干棉球压迫止血。

(4)后肢胫部皮下静脉取血。将兔仰卧固定,拔去胫部的毛,在胫部上端股部扎橡皮管,则在胫部外侧浅表皮下,清楚见到皮下静脉。左手两指固定好静脉,右手取一支带有 5~7 号针头的注射器由皮下静脉平行方向刺入血管。若血液进入注射器,则表示针头已插入血管,即可取血。一次可取血 2~5 mL。

(5)股静脉、颈静脉取血。

①股静脉取血。将注射器平行于血管,从股静脉下端向心方向刺入,徐徐抽动针栓即可取血,抽血完毕后注意止血。

②颈外静脉取血。将注射器由近心端向头侧端与血管平行方向刺入,注射针刺入颈静脉分支分叉处,即可取血。此处的血管较粗,很容易取血,一次可取血 10 mL 以上。

1.5.4　猫取血法

从前肢皮下头静脉、后肢股静脉、耳静脉取血。若需大量血样时,则可从颈静脉取血,方法同兔取血法。

1.5.5　狗取血法

(1)前肢皮下头静脉或后肢小隐静脉取血。前肢内侧皮下头静脉在前肢上方背侧的正前方,后肢小隐静脉在后肢胫部下 1/3 的外侧浅表的皮下。先将狗嘴绑住,一手固定其头颈部而不让其挣扎,另一手紧抓静脉上端以使静脉充盈,或用胶管在上端结扎以阻断静脉血液回流,从而使静脉充盈。用剪毛剪剪去待采血部位的被毛,用 8 号或 9 号针头与血管约呈 45°角刺入皮下,顺着血管轻轻向上;同时稍微用力回抽针栓。如成功刺入血管,则血液进入注射器,抽取所需血量后拔出针头,用干棉球压迫止血。

(2)颈外静脉或颈总动脉取血。颈外静脉或颈总动脉取血常用于实验中需要多次采血或同时进行手术观察其他项目的动物。将动物麻醉固定后,通过颈部手术分离颈外静脉或颈总动脉,进行颈外静脉或颈总动脉插管取血。为保证多次取血,颈外静脉插管最好插入 10~15 cm,达到右心房口;每次取血完毕,用肝素生理盐水或生理盐水充满插管,下一次取血时将插管内的生理盐水排净后再取血。也可直接将注射针头向颈外静脉的头侧或颈总动脉的近心端刺入取血。

(3)股动脉或股静脉取血。先分离出股动脉或股静脉,再进行股动脉或股静脉插管取血或直接取血,方法同颈外静脉或颈总动脉取血;也可不通过手术分离血管,即直接穿刺取血。

(4)心脏取血。将狗麻醉后仰卧固定于手术台上,暴露胸部,在左胸第3~5肋间剪去被毛,触摸心搏位置,在心搏最明显处将带有 7 号针头的注射器垂直刺入心脏。当针头顺利刺入心脏时,可感觉针尖随心脏搏动,而血液会自然涌入注射器。

1.6　实验动物的麻醉方法及异常情况的急救

1.6.1　常用的麻醉药

在施行手术之前,需将动物麻醉。动物麻醉方法有全身麻醉和局部麻醉,而全身麻醉使用的药物有挥发性麻醉药和非挥发性麻醉药。在学生实验中一般采用非挥发性药物进行全身性麻醉。

(1)挥发性全身麻醉药。常用的挥发性全身麻醉药有乙醚、安氟醚、三氟乙烷等。其中,乙醚麻醉比较安全,麻醉深度易于掌握,麻醉后恢复较快,因而在实验中应用较多。乙醚为无色易挥发的液体,有特殊的刺激性气味,易燃、易爆,使用时应注意通风,并远离火源。乙醚可用于多种动物的麻醉,麻醉时对动物的呼吸、血压无明显影响,麻醉速度快,但维持时间短,适用于时间短的手术和实验。

(2)非挥发性全身麻醉药。

①戊巴比妥钠。戊巴比妥钠易溶于水,水溶液较稳定,但久置后易析出结晶,稍加碱性溶液可防止结晶析出。根据实验动物不同,可配制成1%～3%水溶液,由静脉或腹腔注射,一次给药后麻醉维持时间为3～4 h,一次补充量不宜超过原药量的1/5。

②氨基甲酸乙酯。氨基甲酸乙酯又称乌拉坦,易溶于水,在水溶液中稳定,一般可配制成20%～25%水溶液,可静脉注射或腹腔注射。一次给药后麻醉持续时间为4～6 h或更长,麻醉速度快,麻醉过程平稳。麻醉时对动物的呼吸、循环无明显影响,但动物苏醒很慢,适用于急性动物实验。

③水合氯醛。水合氯醛的常用浓度有5%、7%和10%。一次给药后麻醉维持时间为1.5～3 h。猪的参考用量为每千克体重150～170 mg,可配成20%溶液,由耳静脉注射;也可配成10%淀粉溶液进行直肠灌注,剂量为每千克体重5～10 g。

④硫喷妥钠。硫喷妥钠为黄色粉末,水溶液不稳定,需临时配制成2%～4%水溶液,由静脉注射。麻醉时间短,一次给药后麻醉维持时间仅为0.5～1 h,实验过程中常需补充给药。

⑤氯醛糖。该药的溶解度小,宜配制成1%水溶液,由静脉注射或腹腔注射。该药在使用前需加热以促其溶解,但由于该药对热不稳定,加热温度不宜过高,以免降低药效。该药麻醉出现时间和麻醉深度因动物种类和个体差异变化很大,故在输入计算剂量后仍未达到理想麻醉效果时,不宜盲目加大剂量,应观察一段时间,以免用量过大导致动物死亡。该药对反射活动抑制较少,因而较适用于需要保留反射的实验。

⑥酒精生理盐水合剂。乙醇用生理盐水配成 35％～55％ 的溶液,成年兔的参考用量为每千克体重 8 mL。该药适用于 2 h 左右的手术。

几种常用麻醉药的用法及剂量见附录 5。

(3)局部麻醉药。局部小手术或动物在清醒状态下进行实验时可采用局部麻醉。常用的局部麻醉药物有普鲁卡因和利多卡因。

①普鲁卡因。因其毒性小,见效快,故常用于局部浸润麻醉,用时配成 0.5％～1％ 溶液。

②利多卡因。利多卡因见效快,组织穿透性好,常用 1％～2％ 溶液做大动物神经干阻滞麻醉,也可用 0.25％～0.5％ 溶液做局部浸润麻醉。

1.6.2　实验动物常用的麻醉方法

(1)麻醉剂的用量。除参照一般标准外,还应考虑动物个体对药的耐受性。在使用麻醉剂过程中,必须密切观察动物的状态,随时检查动物的反应情况,绝不可按体重计算出用量而匆忙进行注射。

(2)动物麻醉效果观察。判断动物麻醉深浅的指标有以下 4 个方面:a. 呼吸频率和深度。b. 角膜反射的有无。c. 肢体和腹壁肌肉的紧张度。d. 对痛刺激的反应(用止血钳或镊子夹皮肤)。当上述活动反应明显减弱或消失时,应立即停止用药。若采用静脉注射,则应缓慢注入,特别是剂量过半时,既要慢,又要观察动物反应,严格控制麻醉深度。实验时间过长使麻醉深度变浅、动物挣扎、腹壁肌张力增高,影响腹部手术,这时可酌情补加麻醉药,但一次补加量不宜超过总数量的 1/5。

(3)常用的麻醉方法。

①吸入麻醉。大鼠、小鼠、豚鼠。将动物置于适当大小的玻璃罩中,再将浸有乙醚的棉球放入罩内,注意观察动物的反应,尤其是呼吸变化,直至动物自行倒下、角膜反射迟钝、肌肉紧张度降低,即可取出动物。

家兔、猫。将浸有乙醚的棉球置于一个大烧杯内,使动物口鼻伸入烧杯内吸入乙醚,直至动物麻醉。

狗。用特制的铁丝狗嘴套套住狗嘴,在狗嘴套外面覆盖 2～3 层纱布,然后将乙醚不断滴于纱布上,使狗吸入乙醚。狗吸入乙醚后,开始往往有一个兴奋期,即挣扎、呼吸快而不规则,甚至出现呼吸暂停。当狗出现呼吸暂停时,应取下纱布,等其呼吸恢复后,再使其继续吸入乙醚,之后狗逐渐进入麻醉期,表现为呼吸渐渐平稳而均匀、角膜反射迟钝或消失、疼痛反应消失,此时即可进行手术。

乙醚麻醉时应注意以下两点:a. 乙醚吸入麻醉刺激呼吸道黏膜产生大量的分泌物,易造成呼吸道阻塞,可在麻醉前 0.5 h 皮下注射阿托品(0.1 mL/kg),以减少呼吸道分泌物。b. 吸入乙醚过程中,动物挣扎,呼吸变化较大,导致乙醚吸入量与速度不易掌握,应注意观察动物的反应,以防吸入过多及麻醉过度致动物死亡。

②注射麻醉。静脉注射较适合狗、兔等静脉穿刺较方便的动物。静脉注射麻醉速度快,兴奋期短而不明显,可根据动物反应随时调整注射速度和剂量,易于准确达到所需的麻醉深度,是动物生理学实验中最常用的麻醉方法之一。静脉注射麻醉时,一般应将用药总量的1/3快速注入(也不宜太快),这样可使动物迅速度过兴奋期,而其余2/3应缓慢注射,以防麻醉过度。静脉注射过程中,需密切观察动物的呼吸频率和节律,如呼吸过度减慢或不规则,应暂停或减慢注射,并随时检查动物的肌肉张力和疼痛反应,以判断麻醉深度,直至达到理想麻醉状态。

腹腔注射常用于大鼠、小鼠、豚鼠和猫的麻醉。一般将麻醉药一次性注入,操作较简便,但麻醉作用慢,兴奋期表现较明显,麻醉深度不易掌握。

注射麻醉时应注意以下几点:a.注射时应密切观察动物呼吸,根据动物呼吸情况调整注射速度和剂量。b.如用药量已达参考剂量而动物呼吸仍急促,对夹捏皮肤等疼痛反应明显,可继续缓慢加注麻醉药,直至达到理想麻醉状态,但腹腔注射时一次加注药量不宜超过总量的1/5。c.在寒冷条件下,麻醉动物的体温下降,应注意保温。d.动物呼吸停止时应立即抢救。

③局部麻醉。通常用1%溶液在手术部位做皮内注射和皮下组织浸润注射。局部麻醉主要用于实验要求动物在清醒状态下进行的手术。

1.6.3　实验动物异常情况的急救

动物生理学实验常在实验动物的呼吸、血压、体温等生理指标相对稳定的情况下进行,但是如果在麻醉、手术操作或实验过程中出现严重异常情况,应立即采用急救措施,以保证实验顺利进行。

(1)麻醉过量。一旦发现麻醉过量,应立即处理,不能拖延,可根据过量的程度而采取不同的处理方法。

①呼吸慢而不规则,但血压或脉搏仍正常,一般施以人工呼吸(用手抓握动物胸腹部,使其呼气,然后快速松开,使其吸气,频率约为每秒1次)或小剂量可拉明肌注。

②呼吸停止但仍有心跳时,给予苏醒剂并进行人工呼吸。人工呼吸机的吸入气最好用混合气体(95% O_2 和5% CO_2)。

③呼吸、心跳均停止时,心内注射1:10000肾上腺素,用人工呼吸机进行人工通气,进行心脏按压,并肌注苏醒剂,静脉注射50%葡萄糖液。常用苏醒剂包括2~5 mg/kg可拉明、0.3~1.0 mg/kg山梗茶碱、1 mg/kg咖啡因、6.5 mg/kg(皮下)印防己毒素。

(2)大出血。若手术过程中不慎损伤血管而致使血压下降时,应沉着,首先压迫出血部位,找准出血点,结扎止血,然后静脉注入温热生理盐水,使血压恢复或接近正常水平。

(3)呼吸道阻塞。当气道阻塞或半阻塞、呼吸不通畅、耳或唇发绀时,应立即剪开气管;如果已插入气管插管,则立即拔管,用棉签轻轻擦去分泌物,使气管通畅,再插入气管插管,用人工呼吸机通气,使呼吸频率或深度恢复正常。

(4)体温下降。冬季实验时环境温度较低,动物麻醉以后,体温常常下降,导致血压降低。此时,应在实验手术台下采用加热装置加温,如果没有加热装置,可用热水袋保温,以维持体温。此时,可输入 37～38 ℃的温热生理盐水。

第2章 肌肉与神经生理

实验1 蛙坐骨神经-腓肠肌标本制备

【实验目的】

熟悉蟾蜍或蛙的坐骨神经-腓肠肌标本的制备方法,初步掌握该实验的基本操作。

【实验原理】

蛙的一些基本生命活动和生理功能与恒温动物类似,而保持其离体组织的生理活动所需要的条件相对简单,且易于控制,所以,在实验中常用蟾蜍或蛙的坐骨神经-腓肠肌标本来观察组织的兴奋性、兴奋过程及骨骼肌收缩特征等。

【实验材料】

动物:蟾蜍或蛙。

器材:蛙类手术器械(粗剪刀、手术剪、眼科剪、眼科镊、敷料镊、探针、蛙钉和玻璃分针)、蛙板、锌铜弓、手术灯、培养皿、烧杯、棉花、丝线等。

试剂:任氏液。

【方法及步骤】

(1)破坏脑和脊髓。左手握住蟾蜍或蛙,用食指按压其头部,使头前俯。右手持探针从枕骨大孔处垂直刺入,并向前刺入颅腔,左右搅动毁损脑组织(如图 2-1A 所示)。然后将探针退至进针处,倒转针尖刺入椎管,捣毁脊髓,直至蟾蜍或蛙四肢松软即可。

(2)剪断脊柱,去除内脏和皮肤。用粗剪刀在两腋稍下方的背部剪断脊柱(如图 2-1B 所示),弃去头、前肢,再去除内脏及腹部,仅保留一段脊柱、后肢和坐骨神经(如图 2-1C、图 2-1D 所示)。剪去尾椎末端及泄殖孔附近的皮肤,然后从脊柱的断端向下剥掉全部后肢皮肤。将标本放在滴有任氏液的蛙板上,然后将手及使用过的手术器材洗净。

(3)分离标本为两部分。沿脊柱正中将标本均匀地剪成左右两半,并将其浸入盛有任氏液的培养皿中备用。

(4)分离坐骨神经。先在标本的腹侧面用玻璃分针分离坐骨神经的腹腔段,剪断脊柱,使坐骨神经与一小段脊柱相连。将标本转至背侧,用玻璃分针沿坐骨神经沟(股二头肌和半膜肌之间的裂缝处)分离坐骨神经大腿段,直至膝关节处。剥离要细心,用眼科剪剪去神经干的分支,但不能撕扯。将后肢股部肌肉从膝关节沿股骨剥离并剪去,用粗剪刀在股骨上端 1/3 处剪断股骨(即保留膝关节端股骨 1 cm 左右),并剪去其余部分(如图 2-1E 所示)。

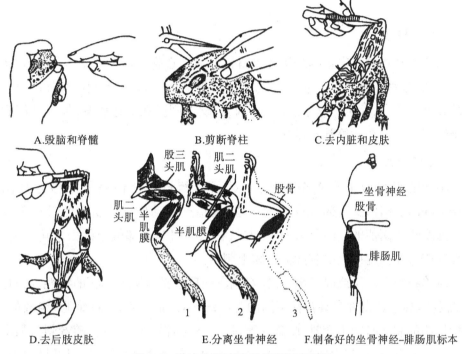

A.毁脑和脊髓   B.剪断脊柱   C.去内脏和皮肤

D.去后肢皮肤   E.分离坐骨神经   F.制备好的坐骨神经-腓肠肌标本

图 2-1 蟾蜍坐骨神经-腓肠肌标本制备

(5)分离腓肠肌。用玻璃分针分离腓肠肌,并在其跟腱上穿线结扎。提起结扎线,剪断结扎线后的跟腱,游离腓肠肌至膝关节,将膝关节以下小腿其余部分全部剪去。至此,带有股骨的坐骨神经-腓肠肌标本制备完成(如图 2-1F 所示)。

(6)标本的检验。将坐骨神经-腓肠肌标本放置在蛙板上,用锌铜弓刺激坐骨神经,若腓肠肌迅速发生收缩反应,则说明标本机能良好。将标本放入盛有任氏液的培养皿中,供实验使用。

【注意事项】

(1)剥制标本时,勿用金属器械牵拉或触碰神经干。

(2)分离神经时,须将周围的结缔组织剥离干净。

(3)制备标本过程中,应随时用任氏液浸湿神经和肌肉,防止表面干燥,以保护其正常的兴奋性。

(4)切勿让蟾蜍的皮肤分泌物和血液等污染神经干,也不能用水冲洗,否则会影响神经干标本的机能。

【思考题】

金属器械碰压、触及或损伤神经及腓肠肌可引起哪些不良后果?

实验 2　刺激强度与反应的关系

【实验目的】

两栖类动物的肌肉标本是研究兴奋性的最佳选择。通过制备坐骨神经-腓肠肌标本,加强基本操作技能的训练;并通过刺激此标本,观察不同刺激强度时骨骼肌的收缩反应,从而了解阈下刺激、阈刺激、阈上刺激和最适刺激;加深理解和掌握刺激、反应、兴奋性等基本概念。

【实验原理】

不同的组织或细胞兴奋性的高低不同,衡量兴奋性高低的指标是阈值(threshold)。阈值又称阈强度或阈刺激,是指产生动作电位所需的最小刺激强度。强度小于阈值的刺激称为阈下刺激,它只能引起局部较小的去极化反应,即局部兴奋。阈强度以上的刺激称为阈上刺激。

对单根神经纤维或肌纤维来说,对刺激的反应具有"全或无"的特性。坐骨神经-腓肠肌标本是由许多兴奋性不同的神经纤维(细胞)-肌纤维(细胞)组成的,在保持足够的刺激时间不变时,刺激强度过小,不能引起任何反应;随着刺激强度增加到某一定值,可引起少数兴奋性较高的运动单位兴奋,以及少数肌纤维收缩,表现出较小的张力变化。该刺激强度称为阈强度,具有阈强度的刺激称为阈刺激。此后随着刺激强度继续增加,会有较多的运动单位兴奋,肌肉收缩幅度、产生的张力也会不断增加,此时的刺激均称为阈上刺激。但当刺激强度增大到某一临界值时,所有的运动单位都兴奋,引起肌肉最大幅度的收缩,产生的张力也最大,此后再增加刺激强度,也不会引起反应的继续增加。引起神经、肌肉最大反应的最小刺激强度称为最适刺激强度,该刺激称为最大刺激或最适刺激。

【实验材料】

动物:蛙或蟾蜍。

器材:计算机、BL-420F 生物信号采集与分析系统、张力换能器、刺激电极、蛙手术器械 1 套(粗剪刀、手术剪、眼科剪、眼科镊、敷料镊、探针、蛙钉和玻璃分针)、丝线、棉球、锌铜弓、肌槽、铁支架、培养皿、蛙板、小烧杯、滴管等。

药品试剂:任氏液。

【方法及步骤】

(1)制备坐骨神经-腓肠肌标本。参照实验 1,将制备好的标本浸泡在任氏液中备用。

（2）仪器连接及标本固定。将标本的股骨端固定在肌槽的固定孔内，跟腱端的结扎线与张力换能器的应变片垂直连接，使标本保持适当的松紧度（操作应轻柔），张力换能器的输出端与 1 通道（CH1）相连，计算机的刺激输出端与肌槽接线柱相连，如图 2-2 所示。可根据实验结果提前编辑实验标记。

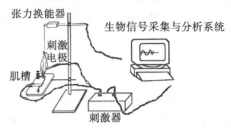

图 2-2　刺激强度与反应关系实验装置图

（3）软件操作及观察项目。打开计算机，进入生物信号采集与分析系统主页界面，于菜单"实验项目"的下拉菜单"肌肉神经实验"中选定"刺激强度与反应的关系"并单击，出现对话框后填入合适的数据，然后点击"OK"进入实验的监视。实验方式选择"程控"，按"确定"后，系统将以固定的增幅对标本施以刺激。观察生物信号显示窗口可见弱刺激开始时肌肉无收缩反应，随着刺激强度加大至刚能记录收缩反应时为阈强度，以后收缩高度逐渐增加，直至连续三四个收缩的高度不再随着刺激强度的加大而增加，收缩高度不发生改变的最小刺激强度称为最适刺激强度，此刺激就是最适刺激。可根据结果调节填入对话框的数据（主要是起始刺激强度、刺激强度增量的设置），以期把图形做得满意，如图 2-3 所示。练习剪辑并标出阈下刺激、阈刺激、阈上刺激、最适刺激等标记。结束实验并保存。

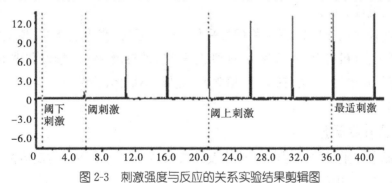

图 2-3　刺激强度与反应的关系实验结果剪辑图

【注意事项】

（1）剥制标本时，勿用金属器械牵拉或触碰神经干。

（2）分离神经时，须将周围的结缔组织剥离干净。

（3）制备标本过程中，应随时用任氏液浸湿神经和肌肉，防止表面干燥，以保护其正常的兴奋性。

（4）切勿让蟾蜍的皮肤分泌物和血液等污染神经和肌肉，也不能用水冲洗，否则会影响神经肌肉标本的机能。

【思考题】

何谓阈刺激、阈上刺激、阈下刺激及最适刺激？

实验3　刺激频率与反应的关系

【实验目的】

通过刺激蛙坐骨神经-腓肠肌标本，观察不同刺激频率时骨骼肌的收缩反应，从而了解在实验情况下产生强直收缩的方法，并理解刺激频率与收缩反应之间的关系。

【实验原理】

骨骼肌的一个单收缩一般要经过潜伏期、缩短期和舒张期3个时期。当刺激频率较低时，每一个新的刺激到来时由前一次刺激所引起的单收缩过程（包括舒张期）已经结束，于是每次刺激都引起一次独立的单收缩。当刺激频率增加到某一限度时，后来的刺激落在前一个单收缩过程的舒张期结束前，发生了收缩过程的复合，这时每次新的收缩出现在前次收缩的舒张期过程中，表现为锯齿状的不完全强直收缩。当刺激频率继续增加，刺激的间隔时间小于缩短期时，后来的刺激落在前一个单收缩过程的缩短期结束前或在缩短期的顶点开始新的收缩，每次收缩可以融合而叠加起来，表现为锯齿状波消失而出现完全强直收缩。

【实验材料】

动物：蛙或蟾蜍。

器材：计算机、BL-420F生物信号采集与分析系统、张力换能器、刺激电极、蛙手术器械1套（粗剪刀、手术剪、眼科剪、眼科镊、敷料镊、探针、蛙钉和玻璃分针）、丝线、棉球、锌铜弓、肌槽、铁支架、培养皿、蛙板、小烧杯、滴管等。

试剂：任氏液。

【方法及步骤】

（1）制备蛙坐骨神经-腓肠肌标本及连接仪器（同"刺激强度与反应的关系"）；亦可利用实验2中的标本继续本实验。

（2）打开计算机，进入生物信号采集与分析系统主页界面，于菜单"实验项目"的下拉菜单"肌肉神经实验"中选定"刺激频率与反应的关系"项并单击，出现设置对话框后选择现代或经典实验，从而进入实验（如图2-4所示）。

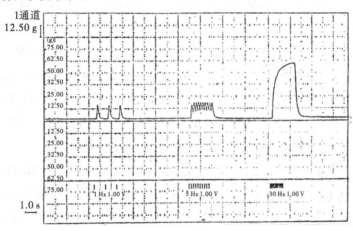

图 2-4　刺激频率与反应关系实验参数设置对话框

（3）根据结果调节填入对话框的数据（主要是刺激强度、刺激频率增量的设置），以期把图形做得满意。记录实验中观察到的曲线（如图 2-5 所示），标出单收缩、不完全强直收缩、完全强直收缩实验标记。剪辑实验结果，结束实验并保存。

实验参数：系统默认。

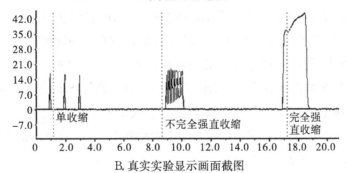

A. 系统显示示意图

B. 真实实验显示画面截图

图 2-5　刺激频率与反应的关系

【注意事项】

（1）每次连续刺激时间不宜太长，以防肌肉疲劳。随时注意用任氏液浸润，以保持标本的兴奋性。

（2）标本一定要固定好，才能做好完全强直收缩。

【思考题】

不完全强直收缩、完全强直收缩是如何形成的?

实验 4　神经干动作电位

【实验目的】

学习用电生理学方法引导、记录蛙(或蟾蜍)坐骨神经的复合动作电位,了解其基本波形及形成机理,加深对动作电位传导机制以及神经传导特征的理解。

【实验原理】

神经是一种可兴奋组织。可兴奋组织、细胞兴奋时都会产生动作电位,并将组织、细胞产生动作电位的能力称为兴奋性。用细胞内微电极记录方法可以观察到单一神经细胞动作电位的产生过程和波形,它由锋电位和后电位两部分组成。当给具有兴奋性的神经有效的适宜刺激时,膜内的负电位迅速消失(去极化),并反极化,由此构成动作电位的上升支。由刺激引起的这种膜内外电位的倒转只是暂时的,膜内电位很快又下降并恢复到刺激前的负电位状态,构成了动作电位的下降支。也就是说,动作电位是可兴奋细胞膜接受有效刺激后,在原有的静息电位基础上发生的一次膜两侧电位快速而可逆的倒转和复原。

当神经受刺激处产生动作电位时,膜的兴奋部位与相邻未兴奋部位间形成的电位差引起局部电流流动,将使相邻未兴奋部位去极化达阈电位而暴发动作电位。这种兴奋处膜与相邻未兴奋处膜之间产生的局部电流连续不断地流动下去,就表现为动作电位的传导,直到整个细胞膜都产生动作电位为止。用细胞外记录方法,把一对记录电极置于神经纤维的外表面两点,两点间相隔适当距离,可以观察到动作电位前后不同时间传过两电极处膜时形成的双相动作电位。当用神经干标本做细胞外记录时,同样可记录到双相动作电位,不同的是神经干由若干条神经纤维组成,在神经干测得的动作电位是各条神经纤维动作电位的总和。因此,神经干动作电位的振幅会随着被兴奋纤维数量的多少而改变,当神经干中所有神经纤维都兴奋时,其动作电位振幅达最大值而不再随刺激强度的增强而增大。动物电位原理图如 2-6 所示。

【实验材料】

动物:蟾蜍或蛙。

器材:计算机、神经屏蔽盒、刺激输出线、引导电极、蛙手术器械 1 套(同上)、棉线、培养皿、蛙板、小烧杯、滴管等。

试剂:任氏液。

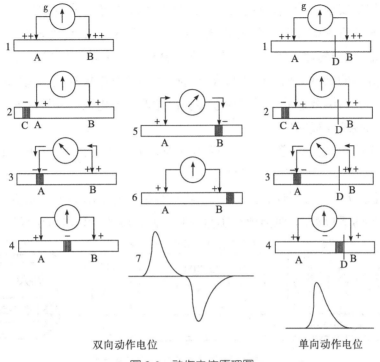

双向动作电位　　　　　　　　　单向动作电位

图 2-6　动作电位原理图

【方法及步骤】

（1）实验准备。

①蛙坐骨神经-腓神经标本的制备。取蛙（或蟾蜍），左手无名指和小指夹住蛙后肢，中指抵住蛙前肢，食指抵住蛙头并使其向下弯曲，拇指压住蛙背；右手持探针从枕骨大孔垂直刺入，然后向前刺入颅腔，搅动并捣毁脑组织；再将探针退至皮下，倒转针尖向下刺入椎管以捣毁脊髓，如此时蛙四肢松软，表明中枢神经已被完全破坏，否则应重新捣毁。

用粗剪刀在两腋稍下方的背部剪断脊柱，弃去头胸部，沿背部两侧剪去内脏及腹部，注意勿伤及坐骨神经，仅保留脊柱、后肢和坐骨神经。左手握住脊柱断端，右手捏住其上的皮肤边缘，向下剥离后肢全部皮肤。将剥皮后的标本放在蛙板上，然后将手和手术器械洗净。

用粗剪刀沿脊柱正中至耻骨联合中央剪开并分成两半（注意勿伤及坐骨神经），将两腿浸于盛有任氏液的烧杯中。取一条腿放在蛙板上，在坐骨神经起始端的脊柱处用玻璃钩轻轻游离坐骨神经，将靠脊柱处神经用线结扎，剪断神经近端。将神经分离至大腿根部，在坐骨神经沟找出坐骨神经，并沿神经分离两侧肌肉，剪断沿途分支，分离坐骨神经大腿段直到腘窝。坐骨神经在腘窝上方已分成背位胫神经和腹位腓神经两支，需在远端剪断。将制成的坐骨神经-腓神经标本置于任氏液中浸泡数分钟，稳定其兴奋性。

②仪器的安装与调试。将坐骨神经-腓神经标本置于神经屏蔽盒的电极上,方法是标本的近中端接触刺激电极,远中端接触引导电极,注意电极间不要有过多的任氏液,以免短路。神经干动作电位实验装置连接如图2-7所示。

将计算机的刺激输出线的鳄鱼夹与屏蔽盒的刺激电极连接,计算机1通道输入线的鳄鱼夹与屏蔽盒的引导电极连接。注意两引导电极间距要稍长一些,这样可调整中间接地电极的位置。

默认实验参数:1通道:电信号;G:10 mV(100倍);T:0.01 s;F:1 kHz;扫描速度:1.0 ms/div(可根据情况调节)。

(2)观察项目。打开计算机,进入生物信号采集与分析系统主页界面,于菜单"实验项目"的下拉菜单"肌肉神经实验"中选择"神经干动作电位引导"并单击。

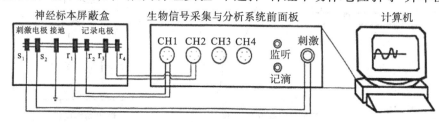

图2-7　神经干动物电位实验装置连接示意图

【实验说明】

(1)设置刺激器的参数。模式:细电压;方式:单刺激;波宽:0.05 ms;强度:1.0 V。

(2)通过"F5"键发出刺激。键盘"↑"表示增加0.5 V/次,"↓"表示减小0.5 V/次,"←"表示减小0.5 V/次,"→"表示增加0.5 V/次。如果以上键盘不起作用,则单击工具条下方的启动刺激按钮,即可将焦点切换到主窗口。

(3)调节扫描速度,使其同步扫描。移动屏幕图形,需调节扫描速度。

(4)调节实验参数(控制)或仪器连接后,需启动刺激按钮,刷新图形。

(5)刺激伪迹及动作电位波形通过菜单"数据处理"下拉菜单中数据输入进行测量。

(6)开启50 Hz抑制。

【注意事项】

(1)剥制标本时,勿用金属器械牵拉或触碰神经干。

(2)分离神经时,须将周围的结缔组织剥离干净。

(3)制备标本过程中,应随时用任氏液浸湿神经和肌肉,防止表面干燥,以保护其正常的兴奋性。

(4)切勿让蟾蜍的皮肤分泌物和血液等污染神经干,也不能用水冲洗,否则会影响神经干标本的机能。

(5)将神经干标本分离干净,但不能损伤神经干,制备的神经干标本应尽量长,最好超过 10 cm。

【思考题】

(1)阐述神经干动作电位波形与胞内记录动作电位波形不同的原因。

(2)神经纤维传导兴奋有哪些特征?

实验 5　神经干兴奋传导速度的测定

【实验目的】

通过本实验加深理解兴奋传导的概念,学习测定神经干动作电位传导速度的方法。

【实验原理】

神经纤维兴奋的标志是产生一个可以传播的动作电位。本实验用神经动作电位作指标,通过测定神经动作电位传导一定距离所耗费的时间,便可计算出神经干兴奋传导速度。

【实验材料】

实验动物、器材和药品试剂同"神经干动作电位"。

【方法及步骤】

(1)实验准备。

①制备蛙坐骨神经-腓神经标本,同"神经干动作电位"。

②由神经干屏蔽盒上的两对引导电极处引导,分别输入至计算机上的 1、2 通道。

③计算机刺激输出线鳄鱼夹与神经干屏蔽盒的刺激电极连接。

实验参数:1 通道:电信号;G:10 mV(100 倍);T:0.01 s;F:10 kHz;扫描速度:1.0 ms/div。2 通道:电信号;G:10 mV(100 倍);T:0.01 s;F:10 kHz;扫描速度:1.0 ms/div。

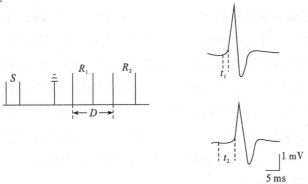

图 2-8　神经干兴奋传导速度测定示意图

(2)观察项目。于菜单"实验项目"的下拉菜单"肌肉神经实验"中选定"神经干兴奋传导速度的测定"项并单击,屏幕上出现一个对话窗口,输入两对引导电极间的距离。确定后,按刺激按钮,则在1、2通道上分别出现一个动作电位,且显示出传导速度数据。还可以在显示方式菜单条下找出比较显示方式,则可在第1通道中显示出两个通道的图形。

$$神经传导速度 = \frac{距离}{时间} = \frac{D}{t_2 - t_1}(单位为 \text{mm/ms},即 \text{m/s})$$

【实验说明】

(1)若记录图形不理想,则要及时调整两对引导电极间的距离,特别是要检查神经干与3对电极接触是否良好,接地是否良好。

(2)输入距离要准确,测量时间用区间测量命令,取两动作电位的峰-峰值。

(3)显示用反向信号。

(4)出现信号干扰时,检查屏蔽盒盖子是否盖紧,并注意开启 50 Hz 抑制。

(5)刺激使用与"神经干动作电位"相同。

(6)保持1、2通道上的实验参数一致。

【注意事项】

同实验4。

【思考题】

神经干的传导速度受哪些因素的影响?

实验6　神经干兴奋不应期的测定

【实验目的】

了解神经干兴奋不应期测定的基本原理和方法。

【实验原理】

神经细胞接受一次适宜刺激后,其兴奋性经历4个阶段的变化,然后恢复至正常水平。这4个阶段依次为绝对不应期、相对不应期、超常期和低常期。神经细胞兴奋性变化的各个阶段都需要一定的时间,如果系统设置起始波间隔、波间隔减量、刺激的时间间隔、选择程控方式,那么程控输出的刺激就会落入神经细胞兴奋性变化的各个时期或正常水平期,依次得到不同的反应结果。本实验使用神经干标本进行细胞外记录,以神经干动作电位引导为基础,进行神经干兴奋不应期的测定。系统采用三通道分别显示不同含义波形的特殊方法,可使实验获得最佳比较效果,如图 2-9 所示。

【实验材料】

动物:蛙或蟾蜍。

器材:BL-420F 生物信号采集与分析系统、神经屏蔽盒、刺激输出线、引导电极、蛙手术器械 1 套(同上)、玻璃分针、棉线、培养皿、蛙板、小烧杯、滴管等。

试剂:任氏液。

【方法及步骤】

(1)标本制备。坐骨神经-腓神经标本的制备参照实验4。

(2)仪器标本连接。将神经标本置于神经标本屏蔽盒内,标本的近中端接触刺激电极,远中端接触引导电极,并盖紧盒盖。神经屏蔽盒的刺激电极与计算机的输出线鳄鱼夹连接,引导电极与计算机的 1 通道连接,注意保持标本润湿。

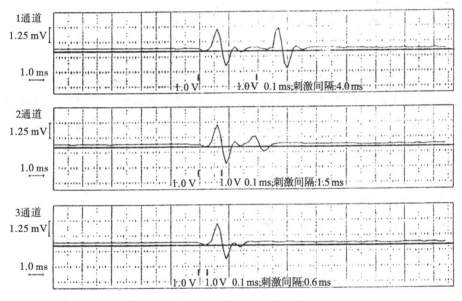

相对不应期:1.5 ms;绝对不应期:0.6 ms

图 2-9　神经干兴奋不应期测定

实验参数:1 通道:电信号;G:5 mV(200 倍);T:0.01 s;F:1 kHz;扫描速度:1.0 ms/div。

(3)观察项目。于菜单"实验项目"的下拉菜单中选定"肌肉神经实验"栏的"神经干兴奋不应期的测定"。

刺激参数设置:刺激强度为 1.0 V,波宽为 0.10 ms。

完成数据输入对话框后,选择"程控",点击"OK"进入实验。于 1 通道观察第一次刺激所得到的图形,之后的显示输出都在 2 通道上。当获得满意的"相对不应期"图形后,将当前通道切换到 3 通道,当 3 通道获得满意的"绝对不应期"图形后,即可编辑打印。

【实验说明】

(1)某通道需停住图形显示输出,只需在下一通道上右击一次。

(2)计算机可以自动将 2 通道设置的刺激间隔值作为"相对不应期"的数值,而将 3 通道设置的刺激间隔值作为"绝对不应期"的数值进行打印。

【思考题】

动作电位与兴奋性变化的关系如何(以神经细胞为例)?

实验 7　生物电现象的观察

【实验目的】

验证存在生物电现象。

【实验原理】

神经肌肉标本受到电刺激时,可产生生物电流,进而引起肌肉收缩。当组织受损伤,或损伤部位与正常部位之间,或组织兴奋时,兴奋区与静息区之间都存在电位差。这些电位差作用于神经肌肉标本也能引起肌肉收缩,从而证明损伤电位和动作电位的存在。

【实验材料】

动物:蟾蜍或蛙。

器材:蛙手术器械、锌铜弓、玻璃分针、蛙板、蛙钉、小烧杯、滴管、丝线等。

试剂:任氏液。

【方法及步骤】

(1)标本制备。制备甲、乙两个坐骨神经-腓肠肌标本,用锌铜弓检查标本兴奋性是否正常。

(2)观察项目。

①将甲标本的坐骨神经轻置于臀部肌肉的损伤部位,另一点置于正常部位,观察神经接触肌肉时甲标本的腓肠肌是否收缩。

②将甲标本的神经置于乙标本的肌肉上,再用锌铜弓刺激乙标本的坐骨神经,观察甲标本的肌肉是否收缩。

【注意事项】

要求神经肌肉标本保持较高的兴奋性;标本制备好后应立即进行实验。

【思考题】

锌铜弓接触神经时,为什么能引起肌肉收缩?

实验 8　蟾蜍缝匠肌细胞膜电位的测量

【实验目的】

了解微电极细胞内电位记录的方法,加深对跨膜静息电位和动作电位的理解。

【实验原理】

细胞未受刺激时细胞膜表面任何两点均无电位差,而细胞膜内外两侧却存在跨膜电位差,表现为膜内为负、膜外为正,即静息电位。在静息电位的基础上,细胞受刺激而兴奋,膜内外出现电位的快速倒转、复原。细胞的上述电学变化可通过插入细胞内的微电极记录观察到。

【实验材料】

动物:蟾蜍。

器材:生物信号采集与分析系统、蛙手术器械 1 套、玻璃板、肌肉标本槽、玻璃微电极、微电极操纵器、微电极放大器、防震台、双目解剖显微镜。

试剂:任氏液。

【方法及步骤】

(1)蟾蜍缝匠肌标本的制备。

①破坏脑与脊髓。取蟾蜍一只,用自来水冲洗干净后,用纱布包裹全身而仅露头部,左手无名指和小指夹住蟾蜍的后肢,中指抵住蟾蜍的前肢,拇指抵住脊,食指抵住头并使其向下弯曲;右手持探针从枕骨大孔垂直刺入,向前刺入颅腔,左右搅动以捣毁脑组织。然后将探针退至皮下,倒转针尖并向下刺入椎管,捣毁脊髓,直到动物四肢松软。

②剪除躯干上部及内脏,剥去皮肤。用粗剪刀在骶髂关节以上 0.5~1 cm 处剪断脊柱,左手握住蟾蜍后肢,拇指压住骶骨,使蟾蜍头自然下垂,去掉内脏及其头胸部,保留脊柱、后肢和坐骨神经。左手握住脊柱断端,右手向下剥离全部后肢皮肤。剥皮后的标本放在玻璃板上,并将手和手术器械冲洗干净。

③分离两腿。用镊子夹住脊柱,将标本提起,背面朝上,剪去向上突起的尾骨。然后沿正中线用粗剪刀将脊柱和耻骨联合中央剪开,分为两半(勿损伤神经)。将标本浸入盛有任氏液的培养皿内。

④将已制备好的一侧后肢从盛有任氏液的烧杯中取出并置于有机玻璃板上,在膝关节胫骨上端内侧剥开缝匠肌的附着点肌腱,用丝线结扎,并轻轻拉起,用眼科剪剪开与其他肌肉相连的肌膜,小心分离与肌肉相连的神经(股神经分支),将缝匠肌分离至耻骨联合处。将肌肉附着端用线扎紧,在扎线外侧剪断,将分离下

来的肌肉放置在装有任氏液的烧杯内备用。

(2)仪器连接和标本固定。将肌肉标本放在盛有任氏液的肌肉标本槽内的有机玻璃板上,内侧面向上,肌肉两端的缚线分别固定在槽两端的缚线柱上。肌肉可伸长到原来长度的 1.2~1.4 倍。玻璃微电极内充有 3 mol/L KCl,并固定在微电极操纵器的夹子上,银丝电极(Ag/AgCl)一端插入玻璃微电极,另一端与微电极放大器的探头正极相连,无关电极与标本槽内任氏液相通并连接到微电极放大器探头的负极,这样生物信号经微电极放大器的输出连接到计算机的生物电输入通道。双极刺激电极与计算机的程控刺激器输出相连。

(3)观察项目。

①测量电极电位。将标本槽置于双目解剖显微镜下,于镜下将微电极操纵器徐徐降下,尖端浸入任氏液内。屏幕扫描线在 -60 mV 附近。该直流电位的成因是电极尖端玻璃对离子的选择性吸附和银丝电极浸入不同的盐溶液。新拉制的微电极在使用之前,可照此法测量总电极电位。

②测定静息电位。微电极尖端浸入任氏液后,调节扫描线至零位线,在镜下轻缓操作以调节微电极尖端的位置。当微电极尖端穿刺肌肉表面时,可见因压迫而出现的一凹窝,一旦微电极刺穿肌纤维进入细胞内,扫描线可跳到 $-90\sim$ -40 mV,此时停止下插。调节微电极操纵器的细调,可见随着电极尖端进出细胞,基线突然上下跳动。待测量完该条肌纤维的跨膜静息电位后,退出电极,另选一处,重复上述过程。将 3 次所测得的电位值取平均值,即可求得静息电位。

用 30 mmol/L KCl 任氏液替换原任氏液,20 min 后,观察膜电位的变化。

③测量动作电位。另取一缝匠肌标本,先测跨膜静息电位(方法同上),然后用单脉冲电刺激神经并逐渐增大刺激强度,记录动作电位。观察动作电位幅值有何变化,是否有超射,并与细胞外记录的动作电位进行比较。

【注意事项】

(1)微电极尖径应为 0.5~1 μm,拉制好的电极可在显微镜下观测。

(2)记录动作电位时,因肌肉收缩会导致电极离开、折断,使动作电位降低或消失,所以,肌肉要固定牢靠,使其进行等长收缩。

【思考题】

(1)跨膜静息电位、动作电位的产生机制如何?

(2)细胞外的钾离子浓度升高时,静息电位如何改变? 为什么?

(3)细胞外的钠离子浓度降低时,动作电位如何改变? 为什么?

(4)该实验方法在未来工作中有哪些应用?

实验 9　蟾蜍背根电位

【实验目的】

学习引导背根电位的方法,观察其波形特点并进一步理解其生理意义。

【实验原理】

躯体的外周神经传入冲动会使脊髓初级传入末梢去极化,该去极化以电紧张的形式扩布,在背根可记录这种电变化,称为背根电位(dorsal root potential, DRP)。DRP 是一种慢电位,有 6 个波,其中第 5 波最具代表性。

【实验材料】

动物:蟾蜍。

器材:生物信号采集与分析系统、蛙手术器械 1 套、咬骨钳。

试剂:氯仿、箭毒。

【方法及步骤】

(1)用氯仿麻醉动物,注入适量箭毒后,将蟾蜍背位固定于蛙板上。

(2)沿坐骨神经沟切开皮肤,分离坐骨神经,穿一丝线备用。

(3)在腰膨大上沿中线切开皮肤和肌肉,用咬骨钳咬开 4 节椎板,切开脊膜,暴露背根,将暴露的神经浸入液状石蜡中。

(4)将背根电位引导电极接入计算机电位记录通道,将刺激电极接计算机程控刺激器的输出接口,并将后者置于坐骨神经上。

【观察项目】

(1)以单刺激形式,强度从小到大刺激坐骨神经,观察 DRP 出现的阈值;继续调整刺激强度,观察 DRP 波幅的变化。

(2)测量 DRP 的潜伏期、时程和波幅。

(3)沿背根向外围移动电极,观察 DRP 波形改变。

【注意事项】

(1)术中要避免损伤神经及血管,尤其注意保护脊髓和背根神经。

(2)刺激强度不要过强,应由弱强度开始逐步增加到适当强度,但持续时间不宜过久。

(3)暴露的神经要浸于液状石蜡中。

【思考题】

该实验方法在未来工作中可能有哪些应用?

实验 10　终板电位

【实验目的】

学习终板电位的记录方法,观察其电生理特性。

【实验原理】

运动神经末梢与骨骼肌细胞彼此接触的部位是结构特化形成的突出结构,称为神经-肌肉接头,接头后膜称为运动终板。当神经冲动沿着神经纤维传至末梢时,局部膜去极化,膜结构中电压门控性 Ca^{2+} 通道开放,Ca^{2+} 内流,启动囊泡移动、与接头前膜融合,囊泡内乙酰胆碱(ACh)释放,ACh 分子通过接头间隙到达终板膜表面,与胆碱能受体结合,引起蛋白质分子内部构象变化而使终板膜对阳离子(Na^+、K^+、Ca^{2+})的通透性增加,从而产生终板电位(endplate potential,EPP)。EPP 是一种局部电位,具有局部电位的特征,但是,在正常情况下,用神经肌肉标本记录 EPP 时,因肌肉动作电位的影响而不宜观察。如果使用一定浓度的箭毒,部分阻滞神经-肌肉接头处的兴奋传递,则可在没有动作电位干扰下观察 EPP。

【实验材料】

动物:蟾蜍。

器材:生物信号采集与分析系统、蛙手术器械 1 套、锌铜弓、神经肌肉标本屏蔽盒。

试剂:任氏液、10^{-5} mol/L 箭毒任氏液、10^{-5} mol/L 乙酰胆碱任氏液。

【方法及步骤】

(1)坐骨神经-缝匠肌标本制备。将已制备好的一侧下肢(此前的步骤同蟾蜍缝匠肌标本的制备)从盛有任氏液的烧杯中取出并置于有机玻璃板上,用玻璃分针从骨盆端分离一小段缝匠肌,并切下一小片附着的骨片,夹住此骨片轻轻提起缝匠肌。从上到下沿缝匠肌的内、外侧缘分开肌膜,先分离外侧缘,后分离内侧缘。分离时只能从肌肉的表面剥离,切勿深入缝匠肌下部,以免损伤神经(特别是内侧)。分离至 2/3 处时,仔细寻找支配缝匠肌的神经分支,待找到该神经分支后,再沿该神经的走向,逆向分离坐骨神经直到其起始点,剪下一小片与其相连的脊柱骨,然后在缝匠肌紧贴膝关节的肌腱下穿线,结扎后在远端剪断肌腱。将制成的坐骨神经-缝匠肌标本置于任氏液中 3～5 min,待兴奋性稳定后即可开始实验。

(2)终板区定位。缝匠肌靠近骨盆端约 6 mm 范围内的神经分布稀少,而其下 1/3 处则为密集区,所以,可将一引导电极放置于下 1/3 处,而另一参考电极摆放于缝匠肌上部。用阈上单脉冲电刺激作用于坐骨神经,注意观察由刺激引起的肌动作电位的潜伏期变化。引导电极每移动 1 mm,记录一次肌动作电位,记录到潜伏期最小的区域就是终板区。

（3）观察项目。

①观测终板电位（EPP）和肌动作电位（AP）。阈上单个电脉冲刺激坐骨神经时，终板区可记录到终板电位和肌动作电位。终板电位上升缓慢，坡度比肌动作电位大，持续时间长，为 50～60 ms；移动引导电极，愈靠近终板区，终板电位上升愈快，振幅愈大，而终板集中处的振幅最大。在终板电位上升相的弯曲之上的电位曲线就是肌纤维的动作电位。

②终板电位的大小和肌动作电位的变化。凡是能使神经-肌肉接头处传递阻滞的因素，都有使终板电位变小的作用。将 10^{-5} mol/L 箭毒任氏液滴加在终板区，刺激坐骨神经，经 20～30 min 后，可见随箭毒作用时间的延长，终板电位逐渐减小。当刺激减少到一定程度时，肌动作电位亦随之消失，但终板电位仍存在（如图 2-10 所示）。

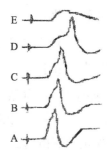

A. 加箭毒前；B～E. 加箭毒后

图 2-10　终板电位

③终板电位的总和现象。经低浓度箭毒任氏液浸泡的神经-肌肉标本，先用锌铜弓检查，在不起反应后，再给予先后两个双脉冲刺激，则终板电位发生总和作用；当总和作用达到一定程度时，又可引起肌动作电位。

④强直后强化现象。将箭毒任氏液浸泡的神经-肌肉标本重复电刺激（195次/秒），刺激停止后一定时间内，终板对继之而来的单脉冲刺激的反应较前大为增强（约 3 min 时反应最大，以后逐渐减小）。

⑤乙酰胆碱对运动终板的兴奋作用。另取一标本，刺激坐骨神经，观察终板电位和肌动作电位的大小，再将浸过乙酰胆碱的小棉球（直径约为 1 mm）置于终板区，观察终板电位和肌动作电位有何变化？为什么？

【注意事项】

（1）剥离标本时应轻柔，尽可能将神经剥离干净，并加任氏液保持湿润，以防止干燥、断裂。

（2）将作为参考电极的另一电极放在缝匠肌距骨盆端 2～3 mm 处固定不动，近膝盖处的引导电极可移动。

【思考题】

该实验方法在未来工作中可能有哪些应用？

第 3 章　循环生理

实验 11　蛙心起搏点观察

【实验目的】

用结扎法观察蛙心自动节律性活动,分析蛙心起搏点的部位。

【实验原理】

心脏的特殊传导系统内含有自律细胞,具有自动节律性,但各部位自动节律性的高低不同。哺乳动物的心脏起搏点是窦房结,而两栖类动物的起搏点是静脉窦。正常心脏的每次搏动都是由静脉窦(窦房结)发出,然后沿心房传至心室。若阻断心脏的正常传导,则出现不同的收缩障碍。蟾蜍的心脏示意图如 3-1 所示。

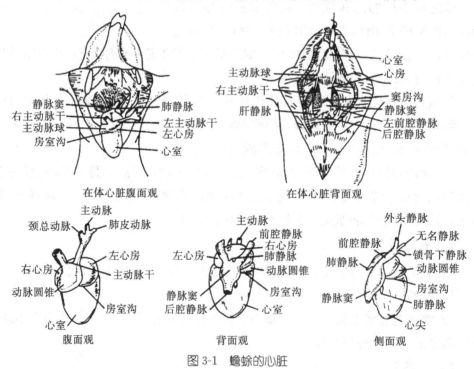

图 3-1　蟾蜍的心脏

【实验材料】

动物:蟾蜍或蛙。

器材:手术器械、蛙板、蛙针、丝线、直别针、大小烧杯、滴管等。

试剂:任氏液。

【方法及步骤】

用蛙针破坏蟾蜍的脑和脊髓,背位(仰卧)固定于蛙板上,切开胸部皮肤与肌肉,并将胸骨剪开,暴露心脏。

(1)认识蛙心各部分的构造和名称。自心脏腹面认识心室、心房、动脉圆锥(动脉球)和主动脉,然后用玻璃分针向前翻转蛙心,从心脏背面区别静脉窦和心房(如图 3-1 所示)。

(2)观察蛙心各部分收缩的顺序。翻转蛙心,观察静脉、心房、心室三部分的跳动次序,并记录心率。

(3)起搏点观察。

①记录蛙心心律(窦性节律)。

②在心脏腹侧,用眼科镊在动脉干下方穿一根丝线备用,将心脏翻向头端。在静脉窦和心房交界处可见到一白色半月形沟(窦房沟),沿此沟用丝线结扎,即第一斯氏结扎(如图 3-2 所示)。结扎后观察静脉窦和心房的跳动频率有何变化。如心房、心室停止跳动,则注意记录何时恢复跳动及静脉窦与心房、心室的频率。

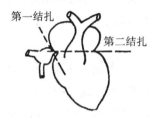

图 3-2　斯氏结扎部位

③用丝线沿房室沟做第二斯氏结扎,观察心房、心室的跳动频率有何变化。如心室停跳,则记录其恢复跳动的时间及频率。

【注意事项】

(1)结扎部位要准确,结扎时用力逐渐增加,直至心房、心室搏动停止。

(2)实验过程中,要经常用任氏液湿润标本,以保持组织的兴奋性。

【思考题】

目前,研究蛙心起搏点的方法有哪几种?

实验 12　蛙心收缩记录和心肌特性

【实验目的】

了解心肌的某些特性并掌握其记录方法。

【实验原理】

心肌细胞每发生一次兴奋,其兴奋性将发生一系列的周期性变化,历经有效不应期、相对不应期和超常期,然后才能恢复到正常水平。心肌细胞的特点是有效不应期特别长,几乎占据整个收缩期和舒张早期,在此期间给予任何强大的刺激均不能产生动作电位。在心肌的相对不应期给予单个阈上刺激,可引起一次额外收缩,其后便产生一个较长的代偿间歇。另外,心肌还具有"全或无"的特征,在其他因素恒定的条件下,心肌对不同强度的阈上刺激均发生同样大小的收缩反应。

【实验材料】

动物:蟾蜍或蛙。

器材:BL-420F 生物信号采集与分析系统、张力换能器、刺激电极、铁支架、双凹夹、蛙心夹、蛙板、蛙针、手术器械、丝线、小烧杯、滴管、直别针、纱布等。

试剂:任氏液。

【方法及步骤】

(1)实验准备。按实验 8 中所述方法处理蟾蜍,用眼科剪剪开心包膜,将心脏完全暴露,用连有丝线的蛙心夹在心室舒张时夹住心尖,丝线另一端与张力换能器应变片相连,并上下垂直,移动双凹夹使线松紧适度,张力换能器输入端接入计算机 1 通道(CH1)。调整刺激电极,与心室肌接触并固定,其输出线与计算机输出插口相接。

打开计算机,进入 BL-420F 生物信号采集与分析系统主界面,于菜单"实验项目"处单击,在其子菜单"循环实验"中选定"期前收缩-代偿间歇"项单击,进入实验的监视。实验选用单刺激,可根据需要选择刺激强度。注意:1 通道波形显示区右上角将出现一个红色向下指的三角形及红色的小方块,波形显示区出现一个蓝色三角形的用法(不同升级版本可能显示标记略有差异)。实验装置安装如图 3-3 所示。

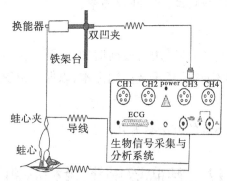

图 3-3 在体蛙心收缩记录装置

实验参数(可根据实际情况进行调整):1 通道:张力信号;G:10 mV(100 倍);T:DC;F:20 Hz;扫描速度:1.25 s/div。

(2)观察项目。

①描记正常蛙心的搏动曲线:观察曲线与心室收缩、舒张的关系。

②在心室收缩期给予中等强度的单个刺激,观察能否引起心脏活动的改变。

③期前收缩和代偿间歇。在心室舒张初期,给予中等强度的单个刺激,观察心脏期前收缩和伴随其后的代偿间歇。

④心肌"全或无"反应。用丝线在静脉窦与心房之间作结扎,使心脏停止跳动。然后给予阈下刺激及不同强度的阈上刺激,观察蛙心收缩强度的变化。两次刺激的间隔时间不少于 15 s。

【注意事项】

(1)实验中经常给蛙心滴加任氏液,以防心肌组织干燥。

(2)引起期前收缩后,须间隔一段时间再给予心脏第 2 次刺激。

(3)实验中需提前为不同的实验项目添加实验标记,实验结束后将各实验项目的最佳图形记录存盘。

【思考题】

(1)根据实验结果,解释产生期前收缩和代偿间歇的原因。

(2)心肌细胞兴奋后兴奋性的变化有何特点? 其生理意义是什么?

实验 13　离体蛙心灌流

【实验目的】

用离体蛙心灌流的方法,观察各种理化因素对心脏活动的影响。

【实验原理】

心脏正常收缩的节律和强度的维持,需要一个适宜的理化环境(离子的浓度和比例、溶液的酸碱度、环境温度等),这些环境条件稍有改变,便可影响心脏的正常活动。

【实验材料】

动物:蟾蜍或蛙。

器材:BL-420F 生物信号采集与分析系统、蛙类手术器械 1 套(同实验 1)、蛙心套管(或蛙心灌流装置)、蛙心夹、双凹夹、试管夹、张力换能器、铁支架、滴管、烧杯、丝线、纱布、冰块等。

试剂:任氏液(林格溶液)、2% NaCl、1% $CaCl_2$、1% KCl、2.5% $NaHCO_3$、3% 乳酸、0.1% 肾上腺素、0.01% 乙酰胆碱等。

【方法及步骤】

(1)实验准备。破坏蟾蜍的脑与脊髓,暴露心脏,并在主动脉下面穿两条线。用蛙心夹夹住心尖,将心脏向前翻转,于心脏背面找到静脉窦,用丝线在静脉窦外结扎,从而阻断血液回流至心脏。在结扎时勿损伤静脉窦,否则心脏会停止跳动。

将心脏放回原处,用眼科剪在主动脉的根部朝心室的方向剪一小口,将灌有任氏液的蛙心套管的尖端由此口插入动脉球。然后将插管稍向后退（因蛙心内有螺旋瓣，如图 3-4 所示），在心室收缩时转向心室中央的方向插入心室。如插入心室，则心室收缩时有血液进入套管。用另一条丝线将动脉与套管的尖端一起结扎固定，然后将结扎剩下的线头在套管侧壁的小玻璃钩上固定，以免滑脱。

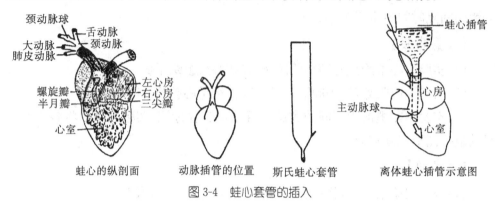

图 3-4　蛙心套管的插入

将连有蛙心夹的丝线垂直连接张力换能器，并将张力换能器输入计算机的 1 通道。打开计算机，在菜单条的"实验项目"中选择"循环实验"的"蛙心灌流"并单击。记录离体蛙心收缩装置如图 3-5 所示。注意：实验中需提前为不同的实验项目添加实验标记，实验结束后将各实验项目的最佳图形记录存盘。

实验参数（调节实验参数，直到效果最佳为止）：1 通道：张力信号；G：10 mV（100 倍）；T：DC；F：10 Hz；扫描速度：2.5 s/div。

注意：插套管时要特别小心，应逐渐插入，以免损伤心肌，然后滴入少量任氏液。如果插管深度和位置合适，则套管中的液面随心脏的跳动而升降。此外可将与心脏相连的血管和其他组织剪断，使心脏离体，切勿损伤静脉窦，然后用任氏液洗涤心脏内外，并经常保持其湿润。

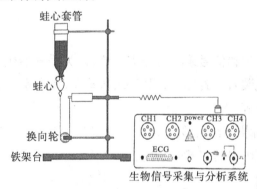

图 3-5　记录离体蛙心收缩装置

（2）观察项目。

①正常心脏收缩曲线的描记。用滴管向蛙心套管中注入 2～3 mL 任氏液，描记心脏收缩曲线，注意观察心跳频率和收缩强度。

②钠离子的影响。向套管中加入 2% NaCl 1～2 滴,观察心脏活动有何变化(待心脏活动有明显改变时,迅速吸出套管内的溶液,并用新鲜的任氏液洗涤,反复数次,直至心脏恢复正常活动,再加入其他溶液,以下实验皆如此)。

③钙离子的影响。向套管中加入 1% $CaCl_2$ 1 滴,观察心脏活动有何变化。

④钾离子的影响。向套管中加入 1% KCl 1～2 滴,观察心脏活动有何变化。

⑤碱性溶液的影响。向套管中加入 2.5% $NaHCO_3$ 2～3 滴,观察心脏活动有何变化。

⑥酸性溶液的影响。向套管中加入 3% 乳酸 1～2 滴,观察心脏活动有何变化。

⑦肾上腺素的影响。向套管中加入 0.1% 肾上腺素 1～2 滴,观察心脏活动有何变化。

⑧乙酰胆碱的影响。向套管中加入 0.01% 乙酰胆碱 1～2 滴,观察心脏活动有何变化。

⑨温度的影响。用小冰块与静脉窦接触或更换 4 ℃的任氏液,观察心脏活动有何变化。

【注意事项】

(1)试剂宜少加,若作用不明显,则可再加。

(2)蛙心套管内的液面高度应保持一致。

(3)吸取各种试剂的滴管要分开。

(4)当试剂作用明显后,应立即将蛙心套管内的液体换掉,并用任氏液灌洗数次,待心跳恢复正常后方可进行下一个实验项目。

【思考题】

(1)应将蛙心套管在心舒期还是心缩期插入心室? 为什么?

(2)影响心脏活动的理化因素有哪些? 为什么?

实验 14　心电图描记

【实验目的】

学习心电描记的方法,了解正常心电图各波形及其生理意义。

【实验原理】

心脏在收缩之前先产生兴奋。正常的兴奋起源于窦房结,然后按一定的顺序传遍整个心脏。兴奋在心脏内传播时,可出现一系列规律性的电位变化,这种电位变化通过心肌周围的组织和体液传导到体表。用一定的方法在体表记录心脏在心动周期中的电位变化曲线就是心电图。

【实验材料】

对象:人或兔。

器材:BL-420F 生物信号采集与分析系统、计算机、导联线、诊断床、兔解剖台、镊子、剪刀、酒精棉球、银针等。

试剂:导电糊、生理盐水等。

【方法及步骤】

(1)仪器接地良好,接通电源,预热 15～20 min。受试者静躺在诊断床上,全身放松。兔仰卧保定在绝缘的解剖台上,进行浅麻醉,并剪去腕部及踝关节的毛。

(2)安放电极。电极应安放在肌肉较少的部位,一般在臂腕关节上方(屈侧)3～4 cm 处和两腿内侧踝关节上方 3～4 cm 处。安放电极前先将安放部位用酒精棉球脱脂,再涂以导电糊,使电极接触良好。

(3)导联线有一定的颜色标志,即红色(右手;兔右前肢)、黄色(左手;兔左前肢)、绿色(左足;兔左后肢)、黑色(右足;兔右后肢)和白色(胸)。

(4)心电记录。BL-420F 生物信号采集与分析系统采用了两种心电记录方式,分别为单导联心电记录和全导联心电记录(另见说明书)。全导联心电记录:导联线与计算机 ECG 插口连接。单导联心电记录:导联线与计算机 3 通道连接。

按程序打开计算机,从菜单"实验项目"下拉菜单中选定"循环实验"的"全导联心电",或由输入信号下拉菜单 3 通道中选定动物心电。在界面右侧参数调节区找到"全心导联"选择菜单,如图 3-6 所示。注意记录各导联心电,并进行标记。

实验参数(单导联):1 通道:心电信号;G:2 mV(500 倍);T:IS;F:30 Hz;扫描速度:250.0 ms/div。

(5)停止实验后存盘,使系统复位,并去掉电极。

(6)心电图分析如图 3-7 所示。

图 3-6　心电导联选择对话框

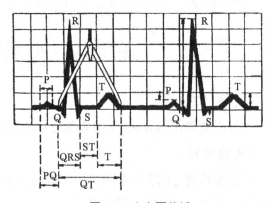

图 3-7　心电图分析

①辨认 P 波、QRS 波群、T 波、PR 间期、ST 段以及 QT 间期。

②测量波幅及时间。反演数据文件时,除系统提供信息外,还可以使用区间

测量命令及两点测量命令,使用方法详见系统说明书。测量波幅值时,凡向上的波形均应测量从基线上缘至波峰顶点的距离;凡向下的波形均应测量基线下缘至波谷底点的距离。以标准导联Ⅱ的结果为例,测量各波电压幅值、PR 间期及 QT 间期;观察 ST 段有无移位。

③心率的测定。测量相邻两个心动周期的 RR 间期或 PP 间期,代入下式即可计算。如心律不齐,应测量 5 个 RR 间期,求其均值,再代入公式计算。

$$心率 = \frac{60}{R_1 - R_2}(次/分钟)$$

【实验说明】

(1)单导联心电图记录开始显示的心电图为标准Ⅱ导联,如果要观察其他导联的波形,只需在屏幕左下方的心电导联选择对话框中选择相应的导联即可。

(2)记录心电图时,注意滤波(F)取底值,使用"开启 50 Hz 抑制"命令。

(3)实验对象若是动物,在将肢体连接电极时,特别注意勿使银针插入肌肉,以防肌电干扰。

(4)在做人体心电图之前,应检查计算机的接地是否良好。如果没有接地,禁止对人体进行实验,以免发生意外。

(5)蟾蜍心电描记采用单导联心电记录,实验前需破坏大脑与脊髓。家兔心电描记采用单导联心电记录,实验前需进行浅麻,电极需通过银针与肢体连接。扫描速度根据动物心率而定。

【思考题】

心电图反映心脏的哪些特性? 与哪些特性无关?

实验 15 蛙肠系膜血流观察

【实验目的】

观察蛙肠系膜血管内的血流,以了解血管系统外周部分小动脉、毛细血管和小静脉的血流情况。

【实验原理】

小动脉管壁厚,管腔内径小,血流速度快,由主干流向分支,有轴流现象(血细胞在血管中央流动);小静脉血流慢,无轴流现象;而毛细血管管径最小,有的仅允许单个血细胞依次通过,故能清晰地看到红细胞流动的情况。

【实验材料】

动物:蟾蜍或蛙。

器材:显微镜、探针、大头针、外科剪、镊子、玻璃分针、有孔蛙板等。

试剂:任氏液、0.1%肾上腺素、0.01%组织胺等。

【方法及步骤】

(1)实验准备。用探针破坏蟾蜍或蛙的脑与脊髓,剖开腹腔,拉出一段小肠,展开一片肠系膜,覆于有孔蛙板的孔上,并用大头针将肠撑在蛙板上固定(如图3-8所示),然后在肠系膜上滴一滴任氏液,以免干燥。将蛙板置于显微镜的载物台上,使置有肠系膜的蛙板大孔对准物镜,然后进行观察(也可将蛙蹼和舌展开进行观察)。

显微镜下的肠系膜小血管

图3-8   蛙毛细血管血流观察

(2)观察项目。

①用低倍镜观察动脉、静脉和毛细血管,注意观察它们的管壁厚薄、口径粗细和血流方向以及血流速度有何特征(按老师要求,绘出一张表示动脉、静脉和毛细血管及其血流方向的简图)。试在靠近管壁处找一个白细胞,观察其运动和形状。

②用眼科镊给肠系膜血管以轻微的机械刺激,观察此时血管口径及血流方向有何变化。

③用一小片滤纸小心地将肠系膜上的任氏液吸干,再向其上加1滴0.1%肾上腺素,观察血管有何变化。

④滴加几滴0.01%组织胺于肠系膜上,观察血管口径及血流的变化。

【注意事项】

(1)肠系膜要展平,不能扭转,也不能拉得太紧,更不允许出血,否则会影响观察。

(2)经常滴加任氏液以保持肠系膜湿润,防止干燥。

(3)观察结束后,要将显微镜仔细擦拭干净。

【思考题】

如何区分小动脉、小静脉和毛细血管?

实验 16　动物血压的直接测定及其影响因素

【实验目的】

了解直接测定动脉血压的方法,观察神经、体液因素对动脉血压的调节作用。

【实验原理】

动物血压相对稳定是神经和体液对心脏和血管平滑肌活动不断调节的结果。当内外环境的某些因素发生改变时,动脉血压会发生相应的变化。

【实验材料】

动物:兔。

器材:BL-420F 生物信号采集与分析系统、压力换能器及三通管、保护电极、电子秤、聚乙烯颈动脉插管、兔解剖台、兔手术器械 1 套、气管插管、动脉夹、铁支架、注射器、手术灯、各色丝线、纱布等。

药品试剂:7％水合氯醛(家兔 2～3 mL/kg)或 3％戊巴比妥钠(家兔 1 mL/kg)、肝素生理盐水(600 U/mL)、0.1％肾上腺素、0.01％乙酰胆碱等。也可准备一些其他的试剂,进行探索性实验。

【方法及步骤】

(1)实验准备。将兔称重,静脉注射 7％水合氯醛或 3％戊巴比妥钠等麻醉后,仰位固定于兔解剖台上。剪去颈部被毛,于正中切开皮肤,暴露气管,并插入气管插管。钝性分离气管两侧肌肉,即可见到与气管平行的左颈总动脉、右颈总动脉、迷走神经(最粗)、交感神经和减压神经(常紧贴交感神经)。一般先分离减压神经与交感神经,然后分离颈总动脉及迷走神经,左侧颈总动脉下穿两条丝线备用。

分离左侧颈总动脉 2～3 cm,远心端用丝线结扎,近心端用动脉夹阻断。用眼科剪在结扎处的向心方向作一斜形切口,将灌有肝素生理盐水的动脉套管(聚乙烯颈动脉插管)插入动脉内,用丝线结扎,固定套管,将余线结扎于套管的侧管上,以免滑脱。最后用胶布将动脉套管固定在兔头上,调节仪器,去掉动脉夹,即可进行实验。实验装置如图 3-9 所示。

仪器调试:按程序进入计算机操作系统,于菜单“实验项目”中选择“循环实验”的“兔动脉血压调节”项,选定后监视即开始。

实验参数(可根据需要进行调整):1 通道:压力信号;G:20 mV(50 倍);T:DC;F:10 Hz;扫描速度:1.0 s/div。

注意:该实验的实验标记对话框可以根据实验项目提前编辑,在波形显示区的左下角选定项目,即可进行标记,单击“OK”即可使用。

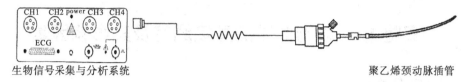

图 3-9　动脉血压测定装置

（2）观察项目。

①正常血压曲线的描记。观察心搏波、呼吸波和梅耶氏（第三级）波。

②地心引力的影响。迅速抬高动物后躯，观察血压有何变化。

③以动脉夹阻断右侧颈总动脉 15 s，观察血压有何变化。除去动脉夹，待血压恢复后，用丝线纵向扯动右侧颈总动脉，以刺激颈动脉窦，观察血压又有何变化。

④在气管插管的一侧侧管上接一连有塑料口袋（或大气球）的玻璃管，夹闭另一侧侧管，让动物呼吸塑料袋内气体，观察血压有何变化。

⑤结扎、剪断一侧减压神经，观察血压有何变化。以中等强度的连续刺激刺激减压神经向中端，观察血压又有何变化。

⑥结扎、剪断一侧迷走神经，观察血压有何变化。以中等强度的连续刺激刺激离中端，观察血压又有何变化。

⑦剪断另一侧迷走神经，观察血压有何变化。再刺激减压神经向中端，观察血压有何变化。

⑧心脏采血 10～20 mL，观察血压有何变化；然后经静脉输入 20 mL 38 ℃生理盐水，观察血压又有何变化。

⑨经耳缘静脉注入 0.1％肾上腺素 0.5 mL，观察血压有何变化（肾上腺素注入后，应再补充数毫升生理盐水，以使药物全部进入血液循环）。

⑩经耳缘静脉注入 0.01％乙酰胆碱 0.5 mL，观察血压有何变化。

【注意事项】

（1）手术过程中要做到胆大心细，避免大出血。

（2）一项实验结束后，须待血压恢复正常，方可进行下一项实验。

（3）实验过程中要注意保温，尤其在冬季，若保温不良，则常引起动物死亡。

（4）应随时注意动物麻醉深度，如因实验时间过久而使麻醉变浅时，可酌量补注少许麻醉剂。

（5）注意保护压力传感器头部感压膜，不能用力碰压，以免损坏。

【思考题】

（1）实验中为什么要刺激减压神经向中端、迷走神经离中端？

（2）切断两侧迷走神经后，为什么再刺激减压神经还能引起血压下降？

实验 17　兔减压神经放电与交感神经缩血管作用

【实验目的】

观察药物引起血压变化时导致的减压神经放电的变化,加深对减压反射意义的理解。观察交感神经的缩血管作用及其缩血管紧张性,了解交感神经紧张性变化在调节循环外周阻力中的重要作用。

【实验原理】

心血管活动的神经调节是通过反射活动实现的,其中减压反射是维持动脉血压相对稳定的主要机制之一。减压反射的感受器是位于颈动脉窦和主动脉弓血管外膜下的感觉神经末梢,称为压力感受器。但是,它们感受的是动脉血压变化时血管壁机械牵张的程度。颈动脉窦压力感受器的传入神经纤维组成颈动脉窦神经后,加入舌咽神经进入延髓;主动脉弓压力感受器的传入神经纤维走行于迷走神经内,进入延髓。而兔的主动脉弓压力感受器的传入神经纤维在颈部自成一束,称为减压神经,易于分离和进行实验观察与记录。当动脉血压升高时,血压对血管壁的机械牵张程度增大,压力感受器受牵张刺激作用加强,发放冲动频率加大,减压神经传入冲动增多;相反,当动脉血压降低时,压力感受器受牵张刺激减弱,放电频率减小,减压神经传入冲动减小。

体内几乎所有的血管都受交感神经支配。在有些动物如狗和猫体内,除支配骨骼肌微动脉的交感节后纤维末梢释放神经递质(乙酰胆碱),与血管平滑肌的 M 型胆碱能受体结合引起血管舒张外,其余所有支配血管的交感节后纤维末梢释放的递质均为去甲肾上腺素。去甲肾上腺素与血管壁平滑肌的 α 肾上腺素能受体(主要的)和 β 肾上腺素能受体结合,主要使血管平滑肌收缩,引起缩血管效应,这些交感神经也称为交感缩血管神经。哺乳动物体内多数血管只接受交感缩血管神经的单一神经支配。兔耳血管也只受交感缩血管神经支配。支配兔耳血管的颈交感神经的节前神经元位于脊髓胸段中外侧柱内。在安静状态下,交感缩血管神经纤维持续传导低频冲动到血管平滑肌,使血管平滑肌保持一定程度的收缩状态,称为交感缩血管紧张。当交感缩血管紧张增强时,血管平滑肌进一步收缩,血管口径变小;反之,当交感缩血管紧张减弱时,血管平滑肌收缩程度减弱,血管舒张,口径变大。

【实验材料】

动物:兔。

器材:BL-420F 生物信号采集与分析系统、计算机、音箱、兔手术器械 1 套、气管插管、兔手术台、手术灯、注射器、丝线、玻璃分针、保护刺激电极、引导电极(铂金电极或银丝电极)、电极固定架、小烧杯、棉花等。

试剂:台氏液、1.5%戊巴比妥钠、液状石蜡、0.1%肾上腺素或去甲肾上腺素、利血平等。

【方法及步骤】

(1)实验准备。将兔麻醉,仰卧固定在手术台上,剪去颈部被毛,安置气管插管。分离减压神经(比迷走神经、交感神经细)和颈交感神经(分离方法见实验16)。仪器连接如图 3-10 所示。

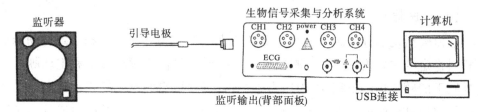

图 3-10　减压神经放电连接装置

实验参数:1 通道:电信号;G:0.2 mV(5000 倍);T:0.001 s;F:3.3 kHz;扫描速度:50~100 ms/div。2 通道:压力信号;G:20 mV(50 倍);T:DC;F:10 Hz;扫描速度:50.0 ms/div。

注意:使用"开启 50 Hz 抑制"命令,减少信号干扰;计算机接地良好。

(2)观察项目。

①观察减压神经放电,在"实验项目"菜单中单击"循环实验",选择"减压神经放电"实验。a.观察正常时减压神经放电,注意减压神经放电时伴有轰鸣声,且放电为群集性放电图形,如图 3-11 所示。b.由耳缘静脉注入 0.1%肾上腺素或去甲肾上腺素 0.3~0.5 mL,立即观察减压神经放电的变化。原因是什么? c.由耳缘静脉注入利血平 2 mg(也可设计用其他药物),立即观察减压神经放电的变化。原因是什么?

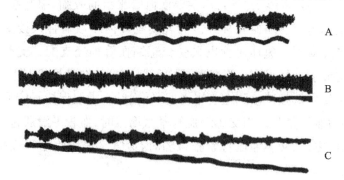

A. 动脉血压正常(90 mmHg,下线)时减压神经放电(上线);

B. 耳缘静脉注射 0.01%去甲肾上腺素,血压升高(110 mmHg)时减压神经放电;

C. 耳缘静脉注射 0.01%乙酰胆碱,血压下降(50 mmHg)时减压神经放电

图 3-11　减压神经放电和动脉血压描记图

②交感神经缩血管作用与缩血管紧张性。先观察、比较兔两耳的颜色及血管网的密度是否相同,结扎颈交感神经并于结扎线近中枢端剪断神经,稍等片刻后,比较剪断颈交感神经侧耳的颜色及血管网的密度或血管粗细有何变化,这说明什么?

用中等强度(3～7 V)和中等频率(20～24 Hz)的电刺激刺激交感神经离中端,观察该侧耳的颜色和血管网密度以及血管粗细有何变化,这又说明什么?

【注意事项】

(1)用温热液状石蜡保护减压神经,防止神经干燥。

(2)电刺激颈交感神经离中端时,持续时间较长,直到出现明显效果为止。

【思考题】

肾上腺素和去甲肾上腺素对心血管的作用有何异同?

第4章 中枢神经生理

实验18 反射弧的分析

【实验目的】

通过实验证明任何一个反射,只有当实现该反射的反射弧存在并保持其完整的情况下才能出现。

【实验原理】

反射是机体在中枢神经系统参与下,对刺激所作出的反应。反射弧是反射的解剖学基础(反射弧一般包括感受器、传入神经、神经中枢、传出神经、效应器5个部分)。要引起反射,反射弧必须完整。反射弧的任何一部分受到破坏,反射即不出现。

【实验材料】

动物:蟾蜍或蛙。

器材:蛙手术器械、铁支架、烧杯、滤纸片、双凹夹、纱布、丝线等。

试剂:3%普鲁卡因或氯仿、1%硫酸和0.5%硫酸等。

【方法及步骤】

自蟾蜍或蛙的鼓膜前缘(保留下颌)剪去全部脑髓,使之成为脊蛙,并悬于支架上进行下列实验,如图4-1所示。

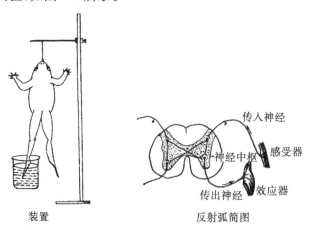

装置　　　　　　　反射弧简图

图4-1 反射弧的分析

(1)正常反射活动的观察。将蛙的一侧后腿脚趾浸入0.5%硫酸中,可见屈腿反射(当反射出现后,迅速用清水将该后腿皮肤上的硫酸洗净并擦干,下同)。

（2）用剪刀在同侧后肢踝关节部环切皮肤,并剥除趾部皮肤,再用上述方法刺激,观察结果。

（3）在对侧后肢股部背侧,沿半膜肌、股二头肌肌沟切开皮肤,分离坐骨神经,穿线备用。用 0.5％硫酸刺激该肢趾部,可见屈腿反射。提起坐骨神经,在其下置一根蘸有 3％普鲁卡因的小棉条以麻醉该神经,并立即用 0.5％硫酸刺激趾部。如仍有屈腿反射,则每隔 30 s 刺激一次,直到无反应,此时立即将蘸有 1％硫酸的滤纸片贴于同侧腹部,观察有无搔爬反射,如有反射,则每隔 1 min 刺激一次,直到无搔爬反射出现为止。

（4）破坏中枢。用蛙针(探针)捣毁脊髓,再刺激身体的任何部位,观察有无反射出现。

【思考题】

何谓脊髓动物? 制备脊蛙有几种方法?

实验 19　脊髓背根和腹根的机能

【实　验　目　的】

了解脊髓背根和腹根的机能。

【实　验　原　理】

脊髓背根由传入神经纤维组成,具有传入机能;腹根由传出神经纤维组成,具有传出机能。若切断背根,则相应部位的刺激不能传入中枢;若切断腹根,则其所支配的器官活动不能实现。

【实　验　材　料】

动物:蟾蜍或蛙。

器材:BL-420F 生物信号采集与分析系统、刺激器、保护电极、蛙手术器械、蛙板、大头针、注射器、干棉球等。

试剂:乙醚、任氏液等。

【方　法　及　步　骤】

（1）动物麻醉。用乙醚麻醉蟾蜍或蛙后,将其仰卧固定于蛙板上,用手术刀分离脊柱两侧肌肉(若出血,则用干棉球止血),并切除最后 4 个脊椎的椎弓,用眼科镊细心地除去脊髓膜,此时便可看到脊神经根。用任氏液冲洗马尾部,使背根、腹根自然分开(切不可改变神经根的正常位置),沿马尾向前追踪至背根入脊髓处,与此相对应的就是腹根,左右腹根以终膜为界。蟾蜍背根和腹根示意图如图 4-2 所示。

（2）用玻璃分针轻挑左侧背根(可见椎孔处米黄色的脊神经节),在其下穿线备用;按相同方法在腹根下穿一条丝线备用。

（3）观察项目。

①松开蛙后肢,参考第 1 章介绍的有关刺激参数,以连续脉冲刺激背根,观察同侧后肢的反应,看动作是否协调。用同样的脉冲刺激腹根,观察是否出现强直收缩。

②将背根作双结扎后剪断,分别刺激两端,观察其效应。

③将腹根作双结扎后剪断,分别刺激两端,观察其效应。

④用连续脉冲刺激背根中枢端,观察其效应与剪断同侧腹根后刺激外周端的效应有何不同。

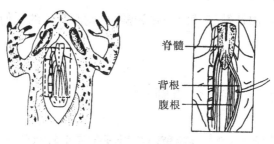

脊髓

背根

腹根

图 4-2　蟾蜍背根和腹根示意图

【注意事项】

（1）手术过程中应非常细心,切除椎弓时不可过深,去除脊膜时勿压迫脊髓,以免损伤脊神经。

（2）实验中所用的背根和腹根必须是同侧同脊段的。

实验 20　脊髓反射

【实验目的】

①观察脊髓反射的基本特征:反射的固定联系、反射的分节性和反射的协调。

②观察兴奋在中枢神经系统内传导的基本特征:反射的潜伏期以及兴奋的综合、扩散、后放及抑制活动等。

【实验原理】

中枢神经系统活动的基本方式是反射。脊髓是中枢神经系统的最低级部位,它的机能最简单,便于观察。

【实验材料】

动物:蟾蜍或蛙。

器材:蛙手术器械、肌夹、铁支架、表面皿、小烧杯、滤纸片、脱脂棉、纱布、双凹夹、BL-420F 生物信号采集与分析系统、刺激器、电极等。

试剂:0.25％硫酸、0.5％硫酸、1％硫酸。

【方法及步骤】

(1)制备脊蛙并悬于铁支架上。

(2)观察项目。

①脊髓反射活动的特征。a. 屈肌和对侧伸肌反射。将蛙的一侧后肢浸入 0.5％硫酸中,可见屈肌反射,而对侧后肢则伸直(出现反应后,立即用清水冲洗,并用纱布擦干,下同)。b. 搔扒反射。将浸有 0.5％硫酸的小片滤纸贴于蛙的腹侧部,可见同侧后肢抬起,并向受刺激的部位搔扒。脊髓反射图如图 4-3 所示。

②兴奋在中枢神经系统内传导的特征。a. 反射时的测定。依前法分别用0.25％及1％硫酸刺激脚趾,每种浓度重复 3 次,求其平均值。每次浸入硫酸的蛙趾部位及深度应相同,以免因刺激强度不同而影响实验结果。试比较刺激强度与反射时的关系。b. 反射作用的抑制。先用止血钳夹住蛙大腿根部皮肤,待蛙不活动后,再将后肢浸入 0.25％硫酸中测定反射,重复 3 次,求其平均值,并与 a 项比较,观察结果有何变化。c. 脊髓内兴奋过程的扩散。用镊子轻夹蛙左趾时,仅左肢动;力量加强时,两后肢均动;力量更强时,全身都动。

图 4-3　脊髓反射图

d. 刺激的综合。先用单个刺激刺激蟾蜍后肢,找到阈下刺激强度,然后改用同样强度的连续刺激,则发现蛙趾后缩。e. 后放。当蛙后肢受到较强的电刺激后,即可引起反射动作,当刺激停止后,观察反射动作是否立即停止。

③脊髓在维持肌紧张中的作用。实验蛙(脊蛙)的四肢一直处于某种程度的屈曲状态,这说明肌肉处于某种程度的紧张状态。若用探针破坏脊髓,则肌肉不再屈曲,而是变得松弛,即四肢完全下垂。

【注意事项】

(1)两次刺激的间隔时间不小于 2 min,以防止互相影响。

(2)剪去颅腔的部位要适当,若剪得太高,则部分脑组织保留;若剪得太低,则伤及上部脊髓。

【思考题】

影响反射的因素有哪些?

实验 21　小脑的生理作用

【实验目的】

观察破坏一侧小脑后引起的肌张力、随意活动的变化和平衡的失调。

【实验原理】

小脑的主要机能是维持身体平衡、调节肌紧张、协调随意运动和调节植物性机能。小脑受到损伤后,动物的正常姿势及运动均遭到破坏。

【实验材料】

动物:蟾蜍、蛙或小白鼠。

器材:手术器械、探针或大头针、烧杯、干棉球等。

试剂:乙醚。

【方法及步骤】

(1)将蛙头部皮肤作"T"形切开,打开颅盖,在延脑上方找出狭长的小脑。用小刀切除一侧小脑(注意不要损伤小脑下面的延脑和对侧小脑),稍停 5 min 左右即可进行实验。观察蛙静止体位和姿势改变以及在运动(跳跃或游泳)时有何异常。

(2)将小白鼠俯位固定于蛙板上,沿头部正中线剪开头皮,将颈肌往下剥离,通过透明的颅骨即可见到小脑。然后用探针破坏一侧小脑(如图 4-4 所示),并用棉球止血。放开小白鼠任其行走,观察是否出现向一侧旋转或翻滚等现象。

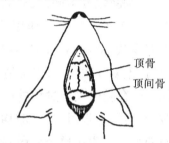

顶骨
顶间骨

图 4-4　小白鼠小脑毁损术部位示意图

【注意事项】

破坏小脑时要垂直进针且深度适宜,刺入太深则损伤中脑,刺入太浅则无破坏作用。

【思考题】

小脑有何生理功能?

实验 22　蛙的各级脑的截除

【实验目的】

通过截除蛙的各级脑,了解各级脑与骨骼肌运动的关系。

【实验原理】

蛙类的自发性活动与大脑有关;而中脑则为正常运动所必需,如果损坏中脑,则姿势反射消失(如只能爬行而不会跳跃),但仍保持翻正反射;毁坏延髓,则动物的运动能力完全丧失,呼吸运动停止,但仍保持肌紧张。

【实验材料】

动物:蟾蜍或蛙。

器材:蛙手术器械、棉花球、蛙板等。

试剂:生理盐水。

【方法及步骤】

(1)将正常蟾蜍放在蛙板上,观察其姿势、跳跃和翻正反射;水平旋转蛙板时,观察其头部运动和躯体的移动情况。

(2)用解剖刀将蛙的两眼眶间的头盖骨切开并移去,暴露脑组织(图 4-5 为蛙的各级脑示意图)。然后于大脑两半球后缘截断,观察蛙的表现(姿势、呼吸和翻正反射)。将蛙放于蛙板上,若提高蛙板的一边或旋转蛙板,则观察蛙有何反应(平衡动作)。

(3)将蛙的中脑截除,重复上述实验,观察蛙有何表现。

(4)再将小脑及延脑截除,重复上述实验,观察蛙又有何表现。

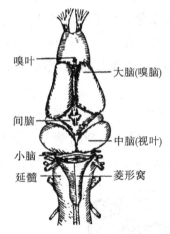

图 4-5　蛙的各级脑示意图

【注意事项】

在手术过程中应避免伤及脑组织。如有出血,可用脱脂棉沾生理盐水止血。

【思考题】

根据实验结果,讨论各级脑的生理作用。

实验 23　去大脑僵直

【实验目的】

了解去大脑动物肌紧张的改变。

【实验原理】

中枢神经系统的网状结构中存在着调节肌紧张的抑制区和易化区。两者之间既互相拮抗，又互相协调，使骨骼肌维持适度的肌紧张，从而保持动物体的正常姿势。在中脑上下叠体之间横断脑干，由于切断脑干与抑制系统的联系较多，因此，易化系统的作用相对加强，导致反射性伸肌紧张性亢进。动物表现出四肢伸直、头部后仰、尾巴竖立等角弓反张症状，这种现象称为去大脑僵直。

【实验材料】

动物：兔。

器材：兔手术器械、兔解剖台、骨剪、颅骨钻、咬骨钳、丝线、干棉球等。

试剂：7%水合氯醛或20%氨基甲酸乙酯、骨蜡等。

【方法及步骤】

1. 实验准备

兔用7%水合氯醛麻醉，俯卧固定于兔解剖台上。切开颈部皮肤，分离两侧颈动脉，并用丝线分别结扎，以兔头部手术导致大量出血。在头顶正中自眉弓至枕部切开皮肤，露出头骨，分离颞肌和骨膜；用骨钻在颅骨旁钻一孔，并用咬骨钳扩大，使后半部大脑半球暴露，再剪除硬脑膜，露出脑面，如图 4-6 左图所示。

2. 观察项目

松开动物四肢，左手握住兔头，右手用刀柄将大脑半球的枕叶翻托起来，以看清中脑前后叠体，用竹刀在上下叠体间横断脑干。手术后动物四肢逐渐伸直，头向后仰，尾向上翘，呈角弓反张状态。兔去大脑僵直示意图如图 4-6 右图所示。

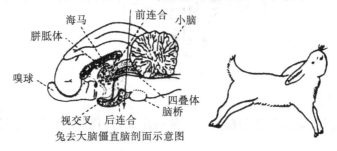

兔去大脑僵直脑剖面示意图

图 4-6　兔去大脑僵直示意图

【注意事项】

(1)切断脑干时须认准部位，一刀切断。

(2)横断脑干的部位不能过低，以免伤及延髓呼吸中枢。

【思考题】

试述去大脑僵直产生的机理。

实验 24　兔大脑皮层诱发电位

【实验目的】

通过电刺激外周神经,在相应的皮层区记录其传入神经引起的皮层诱发电位,学习记录皮层诱发电位的方法,并观察大脑皮层诱发电位的一般特征。

【实验原理】

诱发电位是指感觉传入神经受刺激时,在中枢神经系统内引起的电位变化。记录诱发电位是研究皮层感觉机能定位的重要方法之一。在正常情况下,大脑皮层经常具有持续的节律性的自发脑电活动。当外来刺激作用于感觉传入系统时,大脑皮层在自发脑电活动的基础上出现诱发电位。

【实验材料】

动物:兔。

器材:计算机、兔手术器械 1 套、兔手术台、颅骨钻、咬骨钳、气管插管、棉球、纱布、2 根一寸半长的针灸针(作为刺激电极)、刺激器、银球电极(作为诱发电位的引导电极)、立体定位仪(或兔头固定架)等。

试剂:3%戊巴比妥钠溶液、台氏液或生理盐水、骨蜡等。

【方法及步骤】

(1)实验准备。

①将兔麻醉、俯卧固定,插入气管插管以及暴露大脑皮层同实验 23。

②在动物前肢插入 2 根一寸半长的针灸针,作为感觉传入的刺激电极,两针插入深度为 10～15 mm。

③将银球电极放在被刺激前肢的对侧大脑皮层前肢感觉代表区(即前囟前后 1 mm,矢状缝旁开 2～4 mm)。银球必须很好地与皮层表面硬脑膜接触(如刺激后反应不明显,可去除硬脑膜)并作为有效电极,将无关电极和接地电极放在头部皮肤切口边缘上。有效电极通过输入线与生物信号采集与分析系统 1 通道连接。开启"50 Hz 抑制"。

(2)观察项目。于菜单"实验项目"的下拉菜单"神经系统"中选定"皮层诱发电位"并单击。

①观察大脑皮层自发脑电波。

②用单刺激刺激前肢皮肤,刺激强度由弱逐渐增强,直至引起诱发电位。诱发电位一般由先正后负的主反应和后发放电两部分组成,本实验主要观察主反应,并测定最大反应点的潜伏期和振幅。

【注意事项】

(1)实验最好在屏蔽室内进行,以防止外来电磁波干扰。

(2)在寻找最大反应点时,应固定刺激强度。

【思考题】

(1)记录诱发电位有何意义?

(2)试述皮层诱发电位的特征及其产生的机理。

实验 25　大脑皮层运动区的机能定位

【实验目的】

了解大脑皮层对机体运动的调节作用。

【实验原理】

大脑皮层运动区的锥体细胞直接控制骨骼肌的运动,刺激该区可引起机体不同部位的肌肉收缩。大脑皮层运动区的机能定位如图 4-7 所示。

【实验材料】

动物:兔。

器材:兔手术器械、兔解剖台、BL-420F 生物信号采集与分析系统、刺激电极、颅骨钻、咬骨钳、丝线等。

试剂:7％水合氯醛或 3％戊巴比妥钠、骨蜡、液状石蜡等。

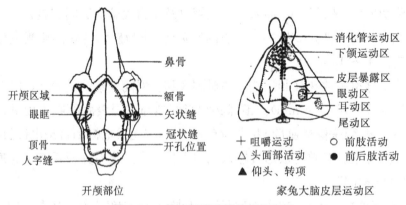

图 4-7　大脑皮层运动区的机能定位

【方法及步骤】

按实验 23 的方法暴露大脑皮层。放松兔体用中等强度的电脉冲刺激大脑皮层各区,观察动物的躯体运动并绘图(本实验结束后,家兔可用于"去大脑僵直"实验)。

【注意事项】

(1)打开颅腔时勿伤及矢状窦,以免引起大出血。

(2)刺激往往有较长的潜伏期,每次刺激 5～6 s 后才能确定有无反应,且刺激强度不能太大。

【思考题】

为什么刺激大脑皮层引起的肢体运动往往有左右交叉现象?

第5章 内分泌生理

实验26 胰岛素和肾上腺素对血糖的影响

【实验目的】

了解胰岛素和肾上腺素对血糖的影响。

【实验原理】

胰岛素是由胰腺内的胰岛分泌的蛋白质类激素,主要用于促进合成代谢,调节血糖稳定。胰岛素通过促进多种组织细胞摄取葡萄糖,诱导肝细胞内葡萄糖激酶,促进肝脏对葡萄糖的利用,增强肌糖原及肝糖原合成,抑制肝脏及肾脏等器官内糖的异生,促进葡萄糖转变为脂肪,从而降低血糖浓度。肾上腺素则能促进肝糖原和肌糖原分解,从而提高血糖浓度。

【实验材料】

动物:兔或小白鼠。

器材:注射器、针头、恒温水浴锅等。

试剂:胰岛素、0.1%肾上腺素、20%葡萄糖等。

【方法及步骤】

(1)取2只饥饿24 h的兔(甲兔和乙兔),称重后从耳缘静脉注射胰岛素,剂量为每千克体重40 U。经1~2 h,观察动物有无不安、呼吸局促、痉挛、翻转,甚至休克等低血糖症状。出现上述症状后立即给甲兔静脉注射20%葡萄糖20 mL(温热),给乙兔皮下注射0.1%肾上腺素,剂量为每千克体重0.4 mL。仔细观察动物,并记录结果。

(2)用小白鼠进行实验时,选择体重约为20 g的小白鼠3只,禁食24 h。实验前1 h给小白鼠皮下注射1~2 U胰岛素,当小白鼠出现低血糖症状(不安、呼吸局促、痉挛抽搐,尤其是后肢无力)时,一只腹腔注射20%葡萄糖1 mL,一只皮下注射0.1%肾上腺素0.1 mL,留一只作对照,观察结果并作记录。

【注意事项】

(1)实验时动物须饥饿24 h以上。

(2)当动物反复出现惊厥抽搐时,应多次注射葡萄糖抢救。

【思考题】

胰岛素和肾上腺素有哪些生理功能? 试述影响其分泌的主要因素。

实验 27　肾上腺摘除动物的观察

【实验目的】

了解肾上腺皮质的生理机能。

【实验原理】

肾上腺分皮质和髓质两部分。皮质激素的生理作用极为复杂,为维持机体生命和正常的物质代谢所必需。髓质的功能与交感神经类似,摘除后并不影响生命,故摘除两侧肾上腺后,皮质功能失调现象迅速出现。

【实验材料】

动物:大白鼠或小白鼠。

器材:手术器械、小动物解剖台、酒精棉球、无菌敷料、红外测温仪、秒表、台秤、玻璃缸等。

试剂:碘酊、乙醚、生理盐水等。

【方法及步骤】

(1)肾上腺摘除手术。用乙醚将大白鼠麻醉后,俯卧固定于解剖台上,于最后肋骨至骨盆区之间的背部剪毛。用碘酊消毒后,从最后胸椎处向后沿背部中线切开皮肤 1.0~1.5 cm(如图 5-1 所示)。在一侧背最长肌的外缘分离肌肉,扩创,暴露脂肪囊,找到肾脏,在肾脏的前内侧方可发现粉黄色、绿豆大小的肾上腺。用弯头眼科镊轻轻摘除肾上腺(不必结扎血管),将肌肉缝合。同法操作摘除另一侧肾上腺,最后缝合皮肤并消毒。

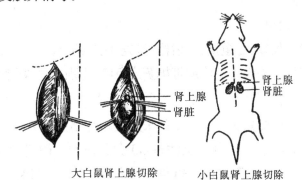

大白鼠肾上腺切除　　　小白鼠肾上腺切除

肾上腺
肾脏

图 5-1　鼠肾上腺摘除手术

(2)实验分组。取品种、性别相同及体重相近的大鼠 12 只,8 只摘除双侧肾上腺,为实验组;4 只做假切手术,为对照组。术后大鼠在 20 ℃左右环境中饲养,饲料相同。取真切大鼠 4 只,2 只喂清水,2 只喂生理盐水;余下的真切、假切大鼠分笼饲养,自由饮清水或盐水。

(3)观察项目。

①观察比较饮清水组及盐水组大鼠的体重、肌肉紧张度、体温等变化。

②观察记录真切大鼠及假切大鼠的清水、盐水的消耗量(同组间取平均值)。

③应急反应实验术后1周,让真切、假切大鼠在4℃水中游泳,游泳前2天均喂清水,且禁食,观察统计各组大鼠溺水下沉的时间;下沉后取出,观察比较恢复情况。

④最后处死大鼠后剖检,确认肾上腺摘除情况。综合分析肾上腺对动物生命活动及应急反应的生理机能。

【注意事项】

肾上腺摘除术应要求无菌操作及注意术后护理。

【思考题】

为什么喂盐水能延长肾上腺摘除动物的寿命?

实验28　雌激素对雌性动物的效应

【实验目的】

了解雌激素的功能。

【实验原理】

腺垂体促性腺激素可调节卵巢周期性的活动,卵巢释放的雌激素有促使雌性动物发情,促进子宫内膜增生、阴道上皮增生和角化的作用。在雌性啮齿类动物的性周期的不同阶段,阴道黏膜发生比较典型的周期性变化,据此可判断性周期的阶段。

【实验材料】

动物:雌性小白鼠。

器材:载玻片、棉签、显微镜、注射器、鼠笼、脱脂棉等。

试剂:己烯雌酚、瑞氏染色液或姬姆萨染色液、生理盐水、蒸馏水等。

【方法及步骤】

(1)选择1月龄、体重为8~10 g的未成熟雌性小白鼠2只,1只连续2天皮下注射己烯雌酚(20 μg/d或分2次注射),1只作对照。待实验鼠外阴出现发情症状后,每天进行3次阴道黏膜涂片(早、中、晚),直至发情间期。

(2)阴道黏液涂片制作。左手抓取小白鼠,将棉签用生理盐水湿润后,插入小白鼠阴道中,蘸取阴道内容物均匀地涂于载玻片上。涂片自然干燥后,用瑞氏染色液进行染色(滴上染液约3 min,加等量蒸馏水后再染5~6 min,然后用自来水小心冲洗即可)。

(3)在显微镜下观察阴道涂片的组织学变化,如图5-2所示。发情前期:有大量脱落的有核上皮细胞,多数呈卵圆形。发情期:没有白细胞及上皮细胞,有很多无核的角化鳞状细胞,细胞大而扁平,边缘不整齐。发情后期:角化上皮细胞减少,并出现有核上皮细胞和白细胞。发情间期:有白细胞及黏液。

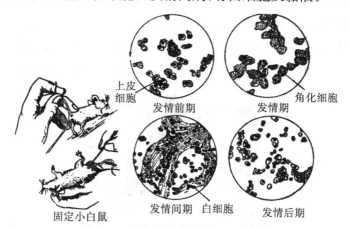

图 5-2　小白鼠阴道涂片的显微镜观察

本实验也可选择牛、猪、羊,其实验方法如下:选择未孕的成年牛、猪、羊,在未发情期间肌肉注射油剂己烯雌酚,剂量为牛 10~15 mg,猪、羊 5 mg,每天 1 次,连续注射 2 天。注射后,观察动物何时发情,并记录发情症状和分析结果。

【注意事项】

(1)涂片需干燥后,再用染色液进行染色。

(2)用自来水冲洗染色液时避免垂直冲洗。

【思考题】

哪些因素可影响动物的发情周期?

实验 29　雄激素对鸡冠发育的作用

【实验目的】

通过实验观察雄激素对鸡冠发育的作用,了解其对动物副性征的影响。

【实验原理】

雄激素在睾丸内产成,它影响动物的副性征及代谢过程。

【实验材料】

动物:20~30 日龄雏鸡 2~4 只。

器材:卡尺、1 mL 注射器、酒精棉球等。

试剂:丙酸睾丸酮。

【方法及步骤】

(1)动物准备。选择18~30日龄品种、性别相同,体重相近的雏鸡2~4只,用卡尺量鸡冠的长、高、厚,描述鸡冠色泽,并做好记录。将雏鸡分为实验组和对照组,并做好区别标记,分别饲喂于2个鸡笼中。

(2)实验组隔日皮下注射或肌肉注射丙酸睾丸酮2.5~5 mg。7~10天后,用卡尺量鸡冠的长、高、厚,描述鸡冠色泽,并与对照组比较(如图5-3所示),分析结果。

A.18日龄雏鸡; B.皮下注射丙酸睾丸酮的同龄雏鸡

图5-3　雄激素对雏鸡鸡冠发育的影响

【注意事项】

实验组、对照组的饲喂管理方式相同,实验条件应一致。

【思考题】

雄激素有何生理功能?

第6章 血液生理

实验 30 血液的组成

【实验目的】

了解血液的组成,区别血浆、血清及纤维蛋白。

【实验原理】

血液由血浆和血细胞组成。血液加抗凝剂处理后静置或离心,其中红色沉淀部分为红细胞,上面无色或淡黄色部分为血浆,二者之间有一薄层灰白色成分,为白细胞和血小板。血液不加抗凝剂时自然凝固,形成血块,若将血块收缩或将去纤维蛋白血离心,则得透明的血清。

【实验材料】

动物:兔。

器材:试管、试管架、天平、烧杯、离心机、离心管、滴管、医用胶布、海绵条、带有开叉橡皮管的玻璃棒等。

试剂:柠檬酸钠、草酸钾等。

【方法及步骤】

(1)采集兔的新鲜血并制备抗凝血(1 mL 新鲜血液加柠檬酸钠 5 mg 或草酸钾 2 mg)。取 10 mL 抗凝血,置于有刻度的离心管中,以 3000 r/min 离心30 min,使血细胞完全沉于管底,然后取出观察。其上层为血浆,底层为压紧的红细胞,二者之间有一薄层灰白色成分,为白细胞和血小板。

(2)采集兔的新鲜血 10 mL,静置数分钟后凝成血块,血块回缩挤出的清亮液体称为血清。

(3)采集兔的新鲜血 50～80 mL,放在小烧杯中,用带有开叉橡皮管的玻璃棒搅动数分钟后,可见搅拌棒上缠绕固体丝状物,经水洗呈白色且极具韧性,此即纤维蛋白。脱去纤维蛋白的血液称为去纤维蛋白血液。

(4)取步骤(3)所得的去纤维蛋白血液 10 mL,依步骤(1)离心后,上层为血清,下层为红细胞。此时,血清呈红色,是因为部分红细胞经搅拌被破坏而释出血红蛋白。

【注意事项】

(1)去纤维蛋白时,应将带有开叉橡皮管的玻璃棒朝同一方向轻轻搅动,以防红细胞破裂。

（2）使用离心机时，应用天平称量，这样可使离心机旋转轴两侧相应的套筒及其内容物的总重量相等。开动离心机时应由慢而快，使转速逐渐达到3000 r/min，停止时应由快而慢。

【思考题】

何谓血浆和血清？二者有何区别？如何制备？

实验 31　　红细胞比容的测定

【实验目的】

了解红细胞比容，并掌握其测定方法。

【实验原理】

将抗凝血放在比容管（温氏分血管）中，经过离心使血细胞与血浆分离。将红细胞压紧后，根据比容管刻度，可读出红细胞在全血中所占的容积百分比，即红细胞比容。

【实验材料】

动物：兔。

器材：比容管（如图 6-1A 所示）、长颈滴管或充液长针（如图 6-1B 所示）、试管架、离心机、天平、脱脂棉、白胶布、海绵条等。

试剂：草酸盐抗凝剂等。

图 6-1　比容管（A）和充液长针（B）

【方法及步骤】

（1）将长颈滴管或充液长针插入比容管底部，自下而上缓慢地吸取混匀的抗凝血（不得有气泡）至比容管内刻度 10 处。如超过刻度 10，则用少许脱脂棉将多余抗凝血吸出。

（2）将比容管用胶布封口、编号，以 3000 r/min 离心 30 min。

（3）取出比容管，观察红细胞所占的容积并记录其数值，然后按步骤（2）再离心5 min，如两次离心结果相同，则表明红细胞已被压紧，其读数即为红细胞比容（如读数为 4.0，则红细胞比容为 40%）。

【注意事项】

（1）离心后，如红细胞表面是斜面，则取倾斜部分的均值。

（2）为防止水分在操作过程中蒸发，盛血的试管和比容管应封口，操作应在采血后 2 h 内完成。

【思考题】

红细胞比容的测定有何临床意义？

草酸盐抗凝剂的配制与使用

取草酸钾 0.8 g、草酸铵 1.2 g，加蒸馏水至 100 mL，溶解后混匀备用。因草酸铵可使红细胞膨胀，草酸钾可使红细胞皱缩，若两者合用，则红细胞容积不变。使用时取草酸盐抗凝剂 1 mL，烘干，可抗凝 10 mL 血液。

实验 32　红细胞计数

【实验目的】

了解红细胞计数的原理，并掌握其计数方法。

【实验原理】

将全血稀释后，置于血细胞计数板的计数室内，在显微镜下计数一定体积的稀释血中的红细胞数，然后换算出每升血液内的红细胞数。

【实验材料】

动物：兔。

器材：血红蛋白吸管、试管架、小试管、移液管、洗耳球（或 5000 μL 移液枪）、显微镜、血细胞计数板（包括盖玻片）、计数器、脱脂棉、擦镜纸、大小烧杯、冲洗瓶等。

试剂：抗凝剂、红细胞稀释液（生理盐水）、蒸馏水、乙醚、95％酒精等。

【方法及步骤】

(1)实验前，检查血细胞计数室及血红蛋白吸管是否清洁，如有污垢，应先洗涤干净。先用自来水冲洗血红蛋白吸管中的血迹，再用蒸馏水洗 3 遍，然后用 95％酒精洗 2 次，以除去吸管内的水分，最后吸入乙醚 1～2 次，以除去酒精。计数室只能用自来水和蒸馏水冲洗，用丝绢轻轻擦拭，切不可用酒精和乙醚洗涤。

(2)血液的稀释。正确吸取生理盐水 4 mL 并置于小试管中，用血红蛋白吸管吸取混匀的抗凝血 20 μL，然后用脱脂棉擦去吸管外壁多余的血液，并挤入小试管底部，吸吹数次，以洗出血红蛋白吸管内黏附的血液，最后颠倒数次混匀即可。

(3)先在低倍镜下熟悉计数室的结构（如图 6-2 所示）。计数室高 0.1 mm，划分为 9 个大方格，每个大方格面积为 1 mm²；位于四角的大方格划分为 16 个中方格，为白细胞计数区。中央的大方格用双线划分为 25 个或 16 个中方格（面积为 0.04 mm²），每个中方格又划分为 16 个小方格，用于红细胞计数。

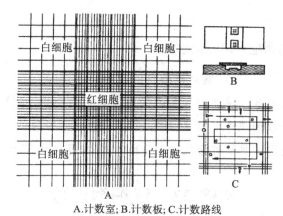

A.计数室；B.计数板；C.计数路线

图 6-2　血细胞计数器

(4)在计数室上方加盖盖玻片，用吸管吸取稀释血液后弃去 1~2 滴，然后沿盖玻片边缘滴入，让其自然流入计数室内，静置 3 min 即可计数。

(5)计数方法与原则。计数时可采用对角线法或选择法，对压线的红细胞依据"数上不数下，查左不查右，顺序如弓"的原则，分别计算中央大方格内四角及中央中方格内的红细胞数并求和。

(6)计算公式：$X/80 \times 400 \times 10 \times 200 \times 1000 \times 1000 = 1$ L 血液中的红细胞数。

简式：$X \times 10^{10} = $ 红细胞数/L。式中：X 为 80 个小方格即 5 个中方格内的红细胞总数；400 为一个大方格，即 1 mm² 内共有 400 个小方格；盖玻片与计数板的实际高度是 1/10 mm，乘 10 后则为 1 mm；200 为稀释倍数；10^6 表示换算单位为 L。

(7)计数完毕后，依步骤(1)法洗净所用的仪器。

【注意事项】

(1)血样吸取前应轻摇混匀，避免溶血。

(2)显微镜载物台需保持水平，不可倾斜。

(3)5 个中方格之间的红细胞数相差超过 15 个时，表示红细胞分布不均匀，应重做。

【思考题】

(1)计数过程中，哪些因素可能影响红细胞计数的准确性？怎样防止？

(2)红细胞的稀释液对白细胞起什么作用？对红细胞计数有何影响？

实验 33　白细胞计数

【实验目的】

了解白细胞计数的原理，并掌握其计数方法。

【实验原理】

白细胞稀释液可破坏血细胞膜,但白细胞有核,故可在计数室内计数一定体积的血液中所含有的白细胞(核)数,所得结果经过换算可得每升血液内的白细胞数。

【实验材料】

动物:兔。

器材:血细胞计数板、计数器、血红蛋白吸管、小试管、试管架、脱脂棉、显微镜、1 mL 吸管、洗耳球(或 1000 μL 移液枪)、大小烧杯、冲洗瓶、擦镜纸等。

试剂:白细胞稀释液(2%冰醋酸+1%甲紫)等。

【方法及步骤】

(1)用 1 mL 吸管吸取白细胞稀释液 0.38 mL,并置于小试管内。

(2)用血红蛋白吸管吸取混匀的抗凝血 20 μL,放入盛有白细胞稀释液的小试管内(稀释 20 倍)。

(3)用低倍镜找出血细胞计数室内白细胞计数区中任一大方格,如实验 32 所述,将稀释血滴入计数室内,静置 3 min,按实验 32 所述的计数原则分别计算四角大方格内的白细胞数并求和。

(4)计数公式:$X/4 \times 20 \times 10 \times 1000 \times 1000 =$ 白细胞数/L(X 为 4 个大方格内的白细胞总数)。简式:$X/2 \times 10^8 =$ 白细胞数/L。

(5)实验完毕,按实验 32 所述方法清洗所有仪器。

【注意事项】

若各大方格之间的白细胞数相差 8~10 个,则表示白细胞分布不匀,须重做。

【思考题】

为什么白细胞计数时要破坏细胞膜?

实验 34　血红蛋白的测定

【实验目的】

熟悉用比色法测定血红蛋白含量的方法。

【实验原理】

血红蛋白的颜色常因结合氧量的多少而改变,因而不利于比色。血红蛋白与稀盐酸作用形成不易变色的棕色高铁血红蛋白,可与标准比色板比色,从而测得血红蛋白的含量。通常以每 100 mL 血液中含血红蛋白的克数来表示。

【实验材料】

动物:兔。

器材:沙利氏血红蛋白计、脱脂棉、滴管、大小烧杯等。

试剂:0.1 mol/L 盐酸、蒸馏水等。

【方法及步骤】

(1)实验前先检查血红蛋白吸管和测定管是否清洁,如不清洁,则要洗干净。

(2)将 0.1 mol/L 盐酸加入测定管中,至管下方刻度"10%"处。

(3)用血红蛋白吸管吸取血液 20 μL,然后用脱脂棉擦净吸管周围的血液后,立即吹入测定管的盐酸中,反复吸吹几次,使吸管壁上的血液全部进入测定管中,在吸吹时应避免起泡。用玻璃棒将测定管中的稀盐酸与血液混合,放置 10 min。

(4)将蒸馏水逐滴加入测定管中,每次滴加蒸馏水后都要搅匀,并与比色箱内的标准比色板进行比色,直至颜色与标准比色板相同。

(5)从比色箱中取出测定管,读出其中液体表面(凹面)的刻度。一般该管两边皆有刻度,其中一边的刻度表示克数,如液体表面在刻度 15 处,即表示 100 mL 血液中含有 15 g 血红蛋白;另一边的刻度表示百分率,它与克数之间的关系因血红蛋白计的型号而异,可参照使用说明书。通常国产沙利(Sahli)氏血红蛋白计(如图 6-3 所示)的 100% 相当于 14.5 g,如液体表面在刻度 70% 处,要计算其绝对克数,可用下列比例式求得:

$$X : 14.5 = 70 : 100$$
$$X = 10.15(g)$$

也可由测定管两边的刻度分别直接读出。

(6)实验完毕后,洗净、清理仪器并归位。

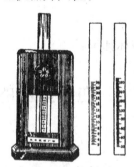

图 6-3　沙利氏血红蛋白计

【注意事项】

(1)加蒸馏水稀释时,应逐滴加入,以防止稀释过量。

(2)血液和盐酸作用的时间不可少于 10 min,否则血红蛋白不能充分转变为高铁血红蛋白,使结果偏低。

(3)比色应在自然光下进行,而不能在黄色光下进行,以免影响结果。

【思考题】

测定血红蛋白的方法有哪些?

实验 35　红细胞渗透脆性试验

【实验目的】

学习测定红细胞渗透脆性的方法,并了解细胞外液的渗透压对维持细胞正常形态和功能的重要性。

【实验原理】

在临床或生理实验中使用的各种溶液,其渗透压与血浆渗透压相等的称为等渗溶液(isosmotic solution),如 0.9% NaCl 溶液;其渗透压高于或低于血浆渗透压的溶液称为高渗溶液或低渗溶液。红细胞在等渗溶液中,其形态和大小可保持不变。若将红细胞置于高渗溶液内,则红细胞失去内部液体而皱缩;反之,若将红细胞置于渗透压递减的一系列低渗盐溶液中,则红细胞逐渐涨大甚至破裂而发生溶血(hemolysis)。正常红细胞膜对低渗盐溶液具有一定的抵抗力,这种抵抗力的大小可作为红细胞渗透脆性(osmotic fragility)的指标。对低渗盐溶液的抵抗力小,表示渗透脆性高,红细胞容易破裂;反之,表示渗透脆性低。

【实验材料】

动物:兔。

器材:试管、试管架、移液管、吸管、滴管、洗耳球等。

试剂:蒸馏水、1% NaCl 等。

【方法及步骤】

(1)先将试管分别排列在试管架上,按表 6-1 把 1% NaCl 稀释成不同浓度的低渗溶液,每管溶液均为 2 mL。

表 6-1　不同浓度 1% NaCl 溶液的配制

试管号	1	2	3	4	5	6	7	8	9	10
1% NaCl(mL)	1.40	1.30	1.20	1.10	1.00	0.90	0.80	0.70	0.60	0.50
蒸馏水(mL)	0.60	0.70	0.80	0.90	1.00	1.10	1.20	1.30	1.40	1.50
NaCl 浓度(%)	0.70	0.65	0.60	0.55	0.50	0.45	0.40	0.35	0.30	0.25

(2)在上列各管中加入 1 滴体积相等的血液(抗凝血),然后用拇指堵住试管口,按顺序将试管慢慢倒置 2~3 次,使血液与试管内溶液混合均匀。

(3)在室温中静置 1 h,观察结果。

(4)依据原理所述,判定开始溶血及开始完全溶血的试管。前者的 NaCl 浓度为红细胞的最小抗力,后者的 NaCl 浓度为红细胞的最大抗力。

(5)判定方法。凡上层液开始呈淡红色,而极大部分红细胞下沉,开始溶血的称为最小抗力。凡首先出现液体呈均匀红色,管底无红细胞下沉,完全溶血的称为最大抗力。

【注意事项】

(1)必须准确配制不同浓度的 NaCl 溶液。

(2)滴加的血滴大小应尽量相等,用手指堵住试管口,轻轻倒置 2~3 次,并充分摇匀,勿用力振荡。

(3)应在光线明亮处判定结果。

【思考题】

(1)红细胞渗透脆性和渗透抵抗力之间的关系如何?

(2)临床输液时为何要使用等渗溶液?

实验 36   红细胞沉降率的测定

【实验目的】

了解红细胞沉降率(血沉),并掌握其测定方法。

【实验原理】

将加有抗凝剂的血液置于特制的具有刻度的玻璃管(血沉管)内,垂直立于血沉架上(如图 6-4 所示),红细胞因重力作用而逐渐下沉,上层留下一层黄色透明的血浆。经一定时间,沉降的红细胞上面的血浆柱高度即表示红细胞的沉降率。有的疾病可以引起红细胞沉降率显著加快,故测定红细胞沉降率具有诊断价值。

【实验材料】

动物:兔。

器材:血沉管、血沉管架、试管、采血针、脱脂棉等。

试剂:3.8%柠檬酸钠溶液等。

【方法及步骤】

(1)取 3.8%柠檬酸钠溶液 2 mL,并采集新鲜血至 10 mL,混匀(两者容积比为 1:4)。

(2)用清洁、干燥的血沉管小心地吸血至刻度"0"处。在吸血之前,须将血液充分摇匀,但不可过分振荡,以免红细胞破裂。吸血时,要避免产生气泡,否则须重做。将吸有血液的血沉管垂直立于血沉管架上,分别在 15 min、30 min、45 min、60 min、120 min 时,检查血沉管上部血浆的高度(以 mm 为单位),并将所得结果记录于下表。

表 6-2　结果记录表

时间(min)	15	30	45	60	120
血沉值(mm)					

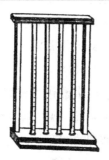

图 6-4　测定红细胞沉降率的装置

【注意事项】

(1)实验应在采血后 3 h 内完成,否则血液放置过久会影响实验结果的准确性。

(2)血沉管应竖立,不能倾斜。

(3)因沉降率随温度的升高而加快,故应在室温(22～27 ℃)测定。

(4)血沉管必须清洁,如内壁不清洁,可使血沉显著变慢。

【思考题】

影响红细胞沉降率的因素是什么?

实验 37　血液凝固

【实验目的】

了解血液凝固的基本过程及影响因素。

【实验原理】

血液由流动的溶胶状态变成不能流动的凝胶状态,这一过程称为血液凝固(blood coagulation)。血液凝固是一系列复杂的生化过程,此过程受许多理化因素和生物因素的影响。若能控制这些因素,则能加速或延缓,甚至阻止血液凝固。

【实验材料】

动物:兔、羊等。

器材:采血器具、剪毛剪、镊子、试管、试管架、吸管、滴管、干棉絮、烧杯、酒精棉球、冰块等。

试剂:3.8%柠檬酸钠、2%草酸钾、肝素、1%氯化钙、液状石蜡等。

【方法及步骤】

(1)物理因素对血液凝固的影响。

①粗糙面的影响。取试管3支,1支加少许棉絮,1支内涂少许液状石蜡,1支作为对照,然后向各管加入新鲜血液2 mL,观察凝血情况。

②温度的影响。取试管3支,每支均加新鲜血液2 mL。1支置于有冰块的小烧杯中,1支置于37 ℃水浴中,1支置于常温下,观察凝血情况。

(2)钙离子对血液凝固的影响。

①取试管3支,1支加3.8%柠檬酸钠3滴,1支加2%草酸钾3滴,1支作为对照,再分别向各管加入1 mL新鲜血,观察凝血情况。

②分别向加入柠檬酸钠和草酸钾的试管中加入1%氯化钙1~2滴,观察凝血情况。

(3)肝素对血液凝固的影响。取试管2支,1支加入肝素8~10 U,1支作为对照,再向各管加新鲜血液2 mL,观察凝血情况。以上各管混匀后,每30 s轻轻地倾斜一次,分别记录各管的凝血时间。

【注意事项】

每次向试管加血或药品后,都应用手指堵住管口,将试管倒置几次,以使血或药品混匀。

【思考题】

(1)为什么正常家畜体内的血液不会凝固?

(2)何谓红细胞叠连、凝集和凝固?三者有何区别?

实验38　红细胞凝集现象

【实验目的】

了解红细胞凝集现象,并掌握测定血型的方法。

【实验原理】

红细胞膜上含有凝集原,血浆内含有凝集素。当相应的凝集原和凝集素相互作用时,就会导致红细胞凝集。不同种动物的血液互相混合,有时也可产生红细胞凝集,称为异族血细胞凝集作用;同种动物不同个体间的红细胞凝集,则称为同族血细胞凝集作用。

【实验材料】

实验对象:动物或人。

器材:双凹载玻片、玻璃棒(或牙签、火柴梗)、采血针、干棉球、酒精棉球、显微镜等。

试剂:标准血清等。

【方法及步骤】

(1)异族血细胞凝集现象。将某种动物的血清分两处滴于载玻片上,将其他种动物的血液各滴1滴于上述血清中,轻轻摇动载玻片(或用牙签搅拌),使血液与血清充分混合。静置5～10 min,在显微镜下(或肉眼)观察是否发生凝集。

(2)同族血细胞凝集现象。将某种动物的血清滴于载玻片上,然后加入同种不同个体的血液,混合均匀。按上述方法观察是否发生凝集。

(3)ABO血型的鉴定。

①红细胞悬液的制备。取受检人血液1滴,加入装有1 mL生理盐水的试管内,摇匀后即为红细胞悬液。

②玻片法鉴定血型。a.取一块双凹载玻片,分别在左上角和右上角标上A和B,中央写受检者的编号或姓名。b.分别用滴管吸取1滴A型标准血清及B型标准血清,分别加入标记有A和B的凹面内,滴管切勿混用。c.每个凹面内各加入1滴受检者的红细胞悬液(滴管尖端勿触及血清)。d.用细玻璃棒(或火柴梗)的一端混合A型血清与红细胞悬液,用另一端混合B型血清与红细胞悬液。置于室温下10～30 min后,在低倍镜下观察有无凝集现象,即可判断鉴定结果,如图6-5所示。

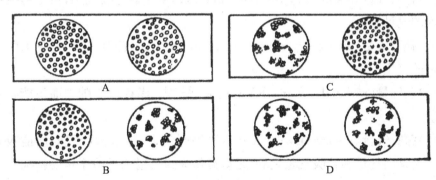

A. O型;B. A型;C. B型;D. AB型

图6-5　ABO血型鉴定示意图

【注意事项】

(1)滴加于两侧的血清勿混淆。

(2)滴管、细玻璃棒(或火柴梗、牙签等)均不能混用。

【思考题】

如果有标准A型和B型红细胞,但无标准血清,能否进行血型鉴定?

第7章　呼吸生理

实验 39　人体肺通气功能的测定

【实验目的】

人体静态和动态的肺通气功能,是反映健康水平的客观指标之一。学习用单筒肺量计测定肺通气功能的方法,并掌握计算法,从而进一步了解测定各项指标的生理意义。

【实验原理】

肺通气(pulmonary ventilation)是肺与外界环境之间进行气体交换的过程,它能稳定肺泡气体成分以保证肺换气。掌握肺通气,首先需要熟悉以下概念及基本肺容积和肺容量图解(如图 7-1 所示)。

(1)潮气量(tidal volume,TV):每次平静呼吸时吸入或呼出的气量。

(2)补吸气量(inspiratory reserve volume,IRV):平静吸气末,再尽力吸气所能吸入的气量。

(3)补呼气量(expiratory reserve volume,ERV):平静呼气末,再尽力呼气所能呼出的气量。

(4)余气量(residual volume,RV):最大呼气末,尚存留于肺中而不能再呼出的气量。

(5)深吸气量(inspiratory capacity):平静呼气末,做最大吸气时所能吸入的气量。它是潮气量和补吸气量之和,是衡量最大通气潜力的一个重要指标。

(6)功能余气量(functional residual capacity,FRC):是余气量和补呼气量之和。其生理意义在于缓冲呼吸过程中肺泡氧气分压和二氧化碳分压(PO_2 和 PCO_2)的过度变化。

(7)肺活量(vital capacity,VC):是潮气量、补吸气量和补呼气量之和。它反映了肺一次通气的最大能力,可作为肺通气功能的指标。

(8)时间肺活量(timed vital capacity):单位时间内呼出的气量占肺活量的百分数。它是一种动态指标,不仅反映肺活量容积的大小,而且反映呼吸所遇阻力的变化,尤其反映小气道阻力是否正常。所以,时间肺活量是评价肺通气功能的较好指标。正常人在第 1 s、2 s、3 s 的时间肺活量分别为 83%、96% 和 99%。

(9)肺总量(total lung capacity,TLC):肺所能容纳的最大气量,是肺活量和余气量之和。

(10)每分通气量(minute ventilation volume):指每分钟进肺或出肺的气体总量,等于呼吸频率乘潮气量。

(11)最大通气量(maximum ventilation volume,MVV):尽力做深快呼吸时,每分钟能吸入或呼出的最大气量。

(12)通气贮备量与通气贮量百分比:通气贮备量为最大通气量与每分通气量之差,用于了解肺通气功能的贮备能力。通常用通气贮量百分比表示:

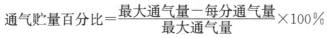

$$通气贮量百分比 = \frac{最大通气量 - 每分通气量}{最大通气量} \times 100\%$$

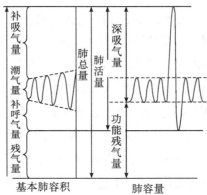

图 7-1 基本肺容积和肺容量图解

【实验材料】

实验对象:人。

器材:FHL-1 回转式肺活量计、电子式肺活量测试仪和棉球。

试剂:75%酒精。

【方法及步骤】

(1)实验准备。

①了解 FHL-1 回转式肺活量计的结构。此肺活量计用不锈钢制作,由水槽、回转筒(带有肺活量刻度)、水温校正尺、阀门和吹气嘴等组成(如图 7-2 所示)。回转筒是经过平衡校正的,吹气后可停在任何位置,无需进行温度修正计算即可利用读数指示器直接读出肺活量的数值。

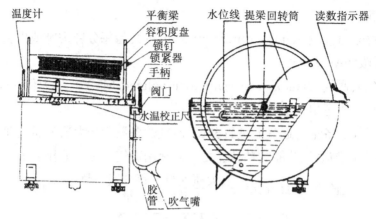

图 7-2　PHL-1 回转式肺活量计

②使用方法。a.装水。放稳肺活量计后把回转筒拨至起始位置,往水槽内倒入清水,使水面到达水槽内壁上的水位红线处。调节水槽下部的调节螺钉,使水面与红线平行。b.测量水温。将温度计插入水边上的温度计夹内,测量水温后移动水温校正尺上的读数指示器至相应的温度刻度。因为温度对所测气体的容积影响很大,所以,上述操作必须准确无误。c.吹气测试。吹气前将阀门上的手柄扳向所用吹气管一侧,被测试者取站立姿势,尽力做深吸气至最大限度后,将嘴部紧贴吹气嘴,徐徐吐出肺内气体,直至不能再吹气。吹气时回转筒慢慢回转,吹气完毕后停止回转。此时,读数指示器所指的刻度即为肺活量值(以 mL 为单位)。d.复位。将手柄扳至直立位置,用手轻轻拨回转筒,放出筒内气体,直到回转筒复位不动为止。再将手柄扳向所用吹气管一侧,进行第二次测试。一般每人测试 3次,取最大值为被测试者的肺活量值。e.消毒。更换被测试者时,要用酒精等消毒液消毒吹气嘴,再用清水清洗并擦干。f.如用电子式肺活量测试仪(如图7-3所示),则参照使用说明书操作。

图 7-3　电子式肺活量测试仪

(2)观察项目。

①潮气量的测定。受试者平静吸气后将嘴部紧贴吹气嘴,徐徐吐出气体,此时读数指示器所指的刻度即为潮气量。

②肺活量的测定。受试者取站立姿势,尽力做深吸气至最大限度后,将嘴部紧贴吹气嘴,徐徐吐出肺内气体,直至不能再吹气,此时读数指示器所指的刻度即

为肺活量值。

【注意事项】

(1)吹气嘴和胶管要严格按时进行消毒,整个仪器要保持清洁、卫生。

(2)回转筒上的两个半圆梁是平衡梁,不得用手拨动,以免筒壁变形而影响使用性能。

(3)用完后将回转筒扳回起始位置锁住,并把水倒出,用软布擦干后放入包装箱内。

(4)吹气嘴为塑料制品,不得与高锰酸钾接触。

实验 40　胸内压的测定

【实验目的】

证明胸内负压的存在,了解胸内压产生的原理及影响胸内压的因素。

【实验原理】

胸内压系指胸膜腔内的压力,通常低于大气压。胸内压主要由肺的回缩力产生,并随呼吸运动而变化。吸气时负压增大,呼气时负压减小。胸膜腔承受的压力可用下式表示:胸内压=大气压(肺内压)-肺回缩力。胸内负压的存在是保证呼吸运动正常进行的必要条件,若破坏胸膜腔的密闭性,则胸内压消失,肺组织萎缩。

【实验材料】

动物:兔。

器材:兔手术器械、兔解剖台、手术灯、止水夹、水检压计、气管插管、胸套管(或用尖端磨圆、侧面开孔的 16 号粗针头代替)、铁支架、橡皮管(70～80 cm)、20 mL 注射器、6 号针头、银丝、棉线等。

试剂:7%水合氯醛溶液或 3%戊巴比妥钠溶液。

【方法及步骤】

(1)实验准备。兔用 7%水合氯醛静脉注射麻醉后,仰卧固定于兔解剖台上。切开兔的颈部皮肤,分离气管,插入气管插管。再于右侧胸部第四肋间切开皮肤,插入与水检压计相连的胸套管,调节胸套管的位置,以水检压计浮标随呼吸明显波动为宜(如图7-4所示)。固定胸套管后,即可开始观察和记录。

(2)观察项目。

①胸内负压的观察。将水检压计充水至刻度"0"处,当胸套管插入胸膜腔时,即可见水检压计与胸膜腔相通的一侧液面上升,而与空气相通的一侧液面下降,表明胸膜腔内的压力低于大气压,为负压。

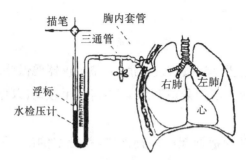

图 7-4   胸内负压的测量与记录装置

②观察吸气和呼气时胸内负压的变化,并记录其数值。

③增大无效腔对胸内负压的影响。在气管插管的一个侧管上连 70～80 cm 长的橡皮管,然后堵塞另一侧管,使无效腔加大,观察无效腔对胸内负压有何影响。

④气胸观察。用一支粗针头穿透右侧胸壁,使胸膜腔与大气直接相通形成气胸,然后观察气胸时胸内负压和呼吸运动的变化。

⑤用注射器抽出胸膜腔内的气体,观察呼吸运动是否恢复正常及胸膜腔内压力的变化。

【注意事项】

将粗针头插进胸膜腔时,勿用力过猛,以免刺破肺泡组织和血管。

【思考题】

(1)何谓胸内负压? 胸内负压是如何形成的? 有何生理意义?

(2)为什么增大无效腔时,胸内负压会增加?

实验 41   呼吸运动的调节

【实验目的】

观察各种因素对呼吸运动的影响,并了解其作用机理。

【实验原理】

呼吸运动是一种节律性活动,随机体活动水平而改变,其深度和频率受神经因素和体液因素的调节。一些因素可直接作用于呼吸中枢,或通过外周的感受器反射性地刺激呼吸中枢,从而调节呼吸运动。

【实验材料】

动物:兔。

器材:计算机、BL-420F 生物信号采集与分析系统、张力换能器、刺激电极、兔解剖台、铁支架、电子秤、兔手术器械 1 套、二氧化碳发生器 2 套、双凹夹、橡皮管、卡介苗注射器(1 mL)、注射器(20 mL,含 16 号针头和塑料管)、玻璃管、丝线、气管插管、纱布、大头针等。

试剂：无水碳酸钠（钙）、盐酸、7％水合氯醛或3％戊巴比妥钠、3％乳酸等。

【方法及步骤】

(1)实验准备。家兔称重后，用7％水合氯醛(或3％戊巴比妥钠)由耳缘静脉缓慢注射，注射过程中注意观察家兔的肌肉张力、呼吸频率、角膜反射等情况，防止麻醉过深。将麻醉好的家兔仰卧固定于兔解剖台上。颈部剪毛，沿颈部正中切开皮肤，分离气管和两侧迷走神经，并在气管和迷走神经下各穿一条丝线备用。在气管3～6环状软骨处作一倒"T"形切口，并插入气管插管，用备用丝线结扎固定。在气管插管两通气端的一个侧管上连4～6 cm长的橡皮管并将其夹闭，将系有线的弯钩大头针钩在胸廓活动最明显部位的胸壁上，线的另一端垂直系于张力换能器应变片小孔上，张力换能器与计算机的第1通道插孔相连，记录呼吸运动(如图7-5所示)。

启动计算机，进入生物信号采集与分析系统的主界面，从菜单"实验项目"的下拉菜单"呼吸实验"中选定"呼吸运动调节"实验，即开始实验。

实验参数：1通道：张力信号；G：20 mV(50倍)；T：DC；F：20 Hz；扫描速度：1.0 s/div(调至最佳)。

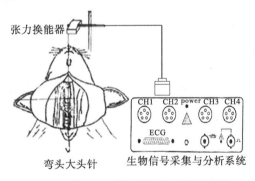

图 7-5　呼吸运动调节实验装置

注意：启动实验后，屏幕右上方将出现一个参数输入对话框。另外，该实验项目中共有二氧化碳等8个实验标记可供选择。

(3)观察项目。

①启动和调节计算机，描记正常呼吸曲线，辨认吸气和呼气运动与曲线方向的关系。

②闭塞气管插管侧管约20 s，观察呼吸运动的变化。

③将气管插管侧管与二氧化碳发生器连接，通入二氧化碳，观察呼吸运动的变化。

④在气管插管侧管上连70～80 cm长的橡皮管，使无效腔增大，观察呼吸运动的变化。

⑤由耳缘静脉注射 3%乳酸 0.2 mL,观察呼吸运动的变化。

⑥切断一侧迷走神经,呼吸运动有何变化? 再将另一侧迷走神经结扎,离中端剪断,呼吸运动又有何变化?

⑦用中等强度的脉冲连续刺激迷走神经向中端,观察呼吸运动的变化。

【注意事项】

手术过程中应细心分离,勿伤及血管与神经。

【思考题】

简述 CO_2 和增大无效腔影响呼吸运动的机制。

第8章　消化生理

实验 42　反刍动物腮腺分泌的观察

【实验目的】

观察反刍动物腮腺分泌的特点及饲喂对腮腺分泌的影响。

【实验原理】

反刍动物的腮腺分泌是连续的,进食和反刍时分泌增加;而颌下腺、舌下腺则仅在进食时分泌。唾液腺的分泌主要受植物性神经调节,副交感神经兴奋时唾液分泌增加,所以,拟胆碱药如毛果芸香碱及胆碱能受体阻断剂阿托品等,对唾液分泌有显著影响。

【实验材料】

动物:绵羊或山羊。

器材:手术器械1套、手术台、保定架、手术灯、医用塑料管、计算机、受滴棒(记滴器)、铁支架、刻度试管、2 mL注射器3支、针头(6号、7号各4个)、干棉球、青草、干草、混合精料等。

试剂:3%普鲁卡因、1%醋酸、2%毛果芸香碱、0.1%阿托品等。

【方法及步骤】

(1)羊腮腺瘘管的制备。绵羊侧卧保定于手术台上,于颊部剃毛。用0.25%~0.5%普鲁卡因浸润麻醉。在口角延长线下方沿咬肌前缘和内眼角连线方向,切开皮肤2~3 cm,钝性分离、扩创,在面静脉后方分离出腮腺导管,注意勿伤及神经。在腮腺下方穿3根丝线(1、2、3)备用,纵行切开腮腺导管约0.5 mm,将2根一端扎有丝线的医用塑料管(A、B)向前、向后交叉插入腮腺导管,插入后用丝线1将A管结扎、丝线3将B管结扎、丝线2将交叉的2个塑料管一起结扎;同时再将A管上的丝线与丝线1结扎,B管上的丝线与丝线3结扎,以防止插管脱落,然后缝合皮肤。另用一口径稍粗的塑料管在体外将2个塑料管的外周端吻合,这样使唾液经体外接桥进入口腔(如图8-1所示)。伤口愈合后即可进行实验。

(2)实验装置。动物站立保定于保定架内,打开接桥,用橡皮管引出唾液至记滴器上,将记滴器输入计算机的记滴插口上;按程序打开计算机,单击“实验项目”后弹出下拉式菜单,从“泌尿实验”项找出“影响尿生成的因素”栏,即可进入实验。

实验参数由系统默认。

（3）观察项目。

①记录腮腺的基础分泌 10～15 min。

②用青草逗引动物，观察、记录唾液分泌的变化及量。

③饲喂干草，观察、记录唾液分泌的变化及量。

④饲喂青草，观察、记录唾液分泌的变化及量。

⑤饲喂混合精料，观察、记录唾液分泌的变化及量。

⑥饲喂清水，观察、记录唾液分泌的变化及量。

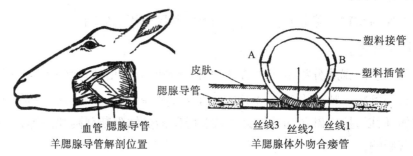

图 8-1 羊腮腺瘘管的制备

⑧用 1％醋酸 1～2 滴注入动物口腔（如动物安装有瘤胃瘘，可经瘘管向瘤胃内灌注 3％醋酸 10 mL），观察唾液分泌的变化。

⑨待唾液分泌基本恢复后，皮下注射 0.1％毛果芸香碱 0.5～1 mL，观察、记录唾液分泌的变化（唾液分泌增加可持续 30 min 左右）。

⑩待唾液分泌基本恢复后，皮下注射 0.1％阿托品 1 mL，观察、记录唾液分泌的变化（唾液分泌减少可持续 1～2 h）。

山羊腮腺瘘管手术部位的确定

用山羊作实验动物，因山羊腮腺导管开口于口腔，在下颌骨血管切迹（可在下颌骨内侧正中部触得）到内眼角连线与口角延长线的交点处，故手术部位可定在腮腺导管开口处与下颌血管切迹之间。

【实验说明】

（1）实验过程中记滴器的 2 根银丝间距要适当，保证每滴唾液滴下时，同时接触 2 根银丝后落入烧杯或刻度试管，否则不能造成短路，系统也就不能准确采样。

（2）实验过程中信息区提供动脉血压的数据，该实验没有输入血压信号，可以不考虑，因此，主要观察分泌趋势图。Unit 系统默认值为 5 s，但也可根据需要自己设置。

（3）通过实验标记对话框，可在实验前完成实验标记的编辑。

实验 43　反刍活动的观察

【实验目的】

了解反刍的发生与抑制反刍的因素。

【实验原理】

反刍为复杂的反射活动。瘤胃内粗糙的食糜机械性地刺激网胃、瘤胃前庭与食管沟黏膜,可反射性地引起反刍;而瓣胃、皱胃内充满食糜时又可刺激其中的压力感受器,而反射性地抑制反刍。

【实验材料】

动物:装有瘤胃瘘管的牛或羊。

器材:咀嚼描记器、BL-420F 生物信号采集与分析系统、张力换能器、气球等。

【方法及步骤】

(1)实验准备。令动物站立于保定架中,于颊部安装咀嚼描记器,通过张力换能器与计算机 1 通道连接。按程序打开计算机,单击菜单"输入信号",弹出下拉式菜单,在 1 通道选择张力信号。用鼠标单击工具条上的"启动波形显示"按钮,即可采样进入实验。

实验参数:1 通道:压力信号(系统默认);G:20 mV(50 倍);T:DC;F:10 Hz;扫描速度:1000.0 ms/div。

为了获得最佳的实验效果,可以根据信号强弱调节实验参数。同时,可提前进行实验标记的编辑。

(2)观察项目。

①记录反刍曲线,注意食团的咀嚼次数。

②打开瘘管,右手经瘤胃瘘管孔向前下方触摸网胃黏膜,观察有无反刍出现。如用羊做实验,可用硬橡皮管伸入网胃或瘤胃前庭进行刺激。

③用同法刺激食管沟黏膜,观察动物有何反应。

④经瘘管向瓣胃内安放气球。当动物出现反刍时,吹胀气球,观察反刍行为的变化。

【思考题】

试述周期性反刍的发生机制及影响因素。

实验 44   反刍动物咀嚼与瘤胃运动描记

【实验目的】

观察反刍动物的咀嚼与瘤胃运动情况,并掌握其记录方法。

【实验原理】

将气球放入装有瘤胃瘘管的反刍动物(如羊和牛)瘤胃内并充气,在动物颊部安置咀嚼描记器,通过空气传导换能后可进行咀嚼和瘤胃运动的描记。

【实验材料】

动物:装有瘤胃瘘管的羊或牛。

器材:BL-420F 生物信号采集与分析系统、张力换能器、压力换能器、咀嚼描记器、动物保定台(架)、止血钳、气球、丝线等。

【方法及步骤】

(1)实验准备。令动物站立保定于保定架上,将连有橡皮管的气球放入瘤胃,并堵住瘘管口,将橡皮管外端连接压力换能器并与计算机 2 通道连接,向气球内充气 50~60 mL 后即可描记瘤胃运动曲线,将咀嚼描记器的输出端连接张力换能器并与计算机 1 通道连接,用于记录咀嚼曲线,仪器连接如图 8-2 所示。按程序打开计算机,单击菜单"输入信号"后弹出下拉式菜单,在 1 通道上选择张力信号,用同样的方法在 2 通道上选择压力信号。单击工具条上"启动波形"按钮,即可进入实验采样,实验标记同实验 19。

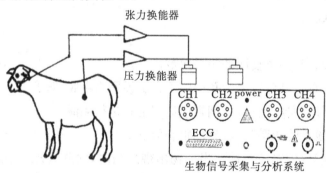

图 8-2   咀嚼与瘤胃运动描记装置示意图

实验参数:1、2 通道相同,为系统默认,也可以根据信号强弱调节实验参数;G:20 mV(50 倍);T:DC;F:10 Hz;扫描速度:1000.0 ms/div。

(2)观察项目。

①记录瘤胃运动 10 min,观察蠕动次数、分布情况及收缩强度等作对照。

②饲喂干草 5 min,观察咀嚼与瘤胃运动的关系及瘤胃运动的变化。

③观察饲喂清水时瘤胃运动的变化。

④观察反刍时瘤胃运动的变化。

【注意事项】

(1)描记系统不能漏气。

(2)实验时,尽量让动物安静。

【思考题】

瘤胃有几种运动方式?是如何进行的?

实验 45　瘤胃内容物在显微镜下的观察

【实验目的】

了解饲料在瘤胃内的变化及纤毛虫的活动情况。

【实验原理】

饲料在瘤胃微生物的作用下发生很大的变化。瘤胃微生物包括纤毛虫、真菌、细菌等,它们能发酵纤维素、淀粉及糖类并产生挥发性脂肪酸等,同时分解植物性蛋白质或直接利用非蛋白氮合成自身的蛋白质。

【实验材料】

动物:牛或羊。

器材:显微镜、载玻片、盖玻片、玻璃平皿、注射器、滴管等。

试剂:甘油碘溶液。

【方法及步骤】

(1)从瘤胃瘘管或胃导管抽取瘤胃液约 10 mL,放入玻璃平皿内,观察其色泽、气味等性状。

(2)用滴管吸取少许瘤胃内容物,滴 1 滴于载玻片上,用盖玻片覆盖,先在低倍显微镜下检查,然后改用中倍镜观察。

(3)找出淀粉颗粒及残缺纤维片,注意观察纤毛虫的运动。

(4)于载玻片上加 1 滴甘油碘溶液,观察染色后的变化,注意纤毛虫体内及饲料的淀粉颗粒呈蓝黑色。

【注意事项】

纤毛虫对温度很敏感,应在适宜的室温或保温条件下观察纤毛虫的活动。

甘油碘溶液的配制

10％福尔马林生理盐水 2 份、卢戈(Lugol)氏碘液(碘片 1 g、碘化钾

2 g、蒸馏水 300 mL)5 份、30％甘油 3 份混合而成。

实验 46　瘤胃肌电的描记

【实验目的】

观察瘤胃平滑肌的电活动,熟悉消化道平滑肌肌电的描记方法。

【实验原理】

胃肠道平滑肌的电活动包括基本电节律(慢波)和峰电位(快波)。基本电节律是自发的,不一定能引起平滑肌收缩,但它是峰电位的控制波,即峰电位一定出现在基本电节律的去极化波上,并引起平滑肌收缩。

【实验材料】

动物:羊或牛。

器材:BL-420F 生物信号采集与分析系统、导联线、接地线、鳄鱼夹、动物保定架等。

试剂:阿托品。

【方法及步骤】

(1)实验准备。瘤胃平滑肌电极埋植方法见第 1 章。将 BL-420F 生物信号采集与分析系统 1 通道、2 通道的输入线同时与瘤胃埋植电极(选择干扰小、描记理想的电极)连接,分别留出参考电极(一般置于动物同侧臀部皮下)和接地电极。待动物安静后,即可打开计算机,从菜单“实验项目”的下拉菜单中选择“消化实验”的“消化道平滑肌电活动”,即可启动波形采样。该实验的 1 通道用于观察消化道平滑肌的快波信号,2 通道用于观察消化道平滑肌的慢波信号。可以提前编辑实验标记。

实验参数:1 通道:电信号;G:2 mV(500 倍);T:0.01 s;F:1 kHz;扫描速度:50.0 ms/div。2 通道:电信号;G:2 mV(500 倍);T:1 s;F:30 Hz;扫描速度:50.0 ms/div。

(2)观察项目。

①描记安静状态下的瘤胃肌电曲线。

②饲喂时观察采食活动对瘤胃肌电的影响。

③观察反刍对瘤胃肌电的影响。

④皮下注射阿托品(30 μg/kg)后,观察阿托品对瘤胃肌电的影响。

【注意事项】

保定实验动物时应宽松,减少应激。

【思考题】

简述瘤胃电活动与瘤胃运动的关系。

实验 47　猪胃液分泌的观察

【实验目的】

观察猪胃液分泌的情况,验证神经、体液因素对胃液分泌的调节。

【实验原理】

胃液的分泌受神经、体液因素的调节。进食、食物在胃内对胃壁的机械刺激以及促胃液素、乙酰胆碱和组织胺等体液因素均可刺激胃液的分泌。通过观察应用阿托品、甲氰咪呱(分别为胆碱能受体和组织胺受体的阻断剂)对胃液分泌的影响,可进一步验证上述调节机制。

【实验材料】

动物:带有隔离小胃的空怀母猪。

器材:手术器械、胃瘘管(大、小型各 1 个)、保定架、量筒、气球、橡皮管、酸度计或广泛 pH 试纸、饲料等。

试剂:五肽胃泌素、组胺、氨甲酰胆碱、甲氰咪呱、阿托品等。

【方法及步骤】

(1)实验准备。要获得纯净胃液,需制备隔离小胃。装置猪隔离小胃的方法有多种,如海氏小胃与大胃完全分离,大小胃之间仅保持血液联系而不存在神经联系,虽然能从小胃获得纯净胃液,但并不能反映大胃内消化活动的情况;经典的巴氏小胃,大小胃之间基本上保持神经和血液联系,但手术复杂;改良的巴氏小胃手术相对简单,且能反应大胃内的消化过程。

(2)观察项目。

①猪静立于保定架中,打开接桥并塞上大胃瘘管塞子,用量筒收集由小胃内流出的胃液,每 5 min 收集一次。样品分别进行分泌量、游离酸、结合酸的测定,或用酸度计(广泛 pH 试纸)测 pH。需观察基础胃液分泌约 20 min。

②用饲料逗引,观察胃液分泌量及性状的变化。

③饲喂饲料后 5~10 min,观察胃液分泌量及性状的变化。

④待胃液分泌基本恢复正常时,打开大胃瘘管,将气球塞入大胃,并充气 500~1000 mL,观察机械压力对胃液分泌的影响。

⑤待胃液分泌接近正常水平时,皮下注射五肽胃泌素(每千克体重 0.1 mg),观察胃液分泌的变化。

⑥待胃液分泌正常后,肌肉注射氨甲酰胆碱(每千克体重 0.1 mg)或皮下注射组织胺(每千克体重 0.1 mg),观察胃液分泌的变化。

⑦待胃液分泌恢复后,先皮下注射阿托品(每千克体重 0.05 mg)或肌肉注射甲氰咪呱(每千克体重 250 mg),10 min 后再注射氨甲酰胆碱或组织胺,观察胃液分泌的变化。

【注意事项】

(1)选择体重为 15～20 kg 的小母猪为宜。

(2)术前要禁食 18～24 h。

(3)术后要精心护理大小胃瘘管,每天应拆开接桥清洗 1 次,以防堵塞。

(4)大小胃瘘管用耐酸橡皮管连接。

【思考题】

影响胃液特别是胃酸分泌的因素有哪些?

实验 48 　胃肠运动的直接观察

【实验目的】

观察动物在麻醉状态下胃肠运动情况及其影响因素。

【实验原理】

消化道肌群属平滑肌,具有平滑肌运动的特性。由于消化道各部位的平滑肌结构不同,因而所表现的运动形式也不尽相同。平滑肌运动主要受神经因素和体液因素的调节,理化刺激也能影响胃肠道运动。

【实验材料】

动物:兔。

器材:BL-420F 生物信号采集与分析系统、刺激电极、兔解剖台、电子秤、手术器械、手术灯、注射器、丝线、烧杯、纱布等。

试剂:7%水合氯醛或 3%戊巴比妥钠、0.1%肾上腺素、0.01%乙酰胆碱等。

【方法及步骤】

(1)实验准备。兔用 7%水合氯醛或 3%戊巴比妥钠静脉注射麻醉后,仰位固定于手术台上。沿腹中线切开皮肤、肌肉,暴露内脏。在胃贲门处分离迷走神经,同时穿线备用。向右侧推开脏器,在左侧肾上腺附近分离内脏大神经,同时穿线备用。兔腹腔交感神经的分布如图 8-3 所示。

(2)观察项目。

①观察胃肠运动情况。观察胃肠运动形式,并记录其频率。

②神经因素对胃肠运动的影响。a. 结扎、剪断迷走神经,刺激离中端,观察胃肠运动有何变化。b. 刺激内脏大神经,观察胃肠运动有何变化。c. 剪断内脏大神经,观察胃肠运动有何变化。

③体液因素对胃肠运动的影响。a. 选一段肠管,在其表面滴几滴 0.1% 肾上腺素,观察运动有何变化。b. 另选一段肠管,在其表面滴几滴 0.01% 乙酰胆碱,观察运动有何变化。

④机械因素对胃肠运动的影响。用镊子或手轻捏肠管的任意部位,观察有何现象发生。

【注意事项】

(1)动物麻醉不宜过深。

(2)动物在术前禁食 12~24 h,在实验前 2~3 h 将动物喂饱。

【思考题】

(1)为何要在左侧找内脏大神经?

(2)胃肠运动受哪些因素的影响?

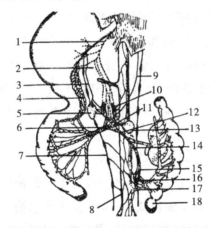

1. 背侧迷走神经干;2. 分布至腹腔的迷走神经支;3. 右侧内脏大神经;4. 胰脏;5. 肾上腺(右侧);6. 肠系膜颅侧(神经)丛;7. 交感(神经)干;8. 腹动脉;9. 左侧内脏大神经;10. 左侧腹腔神经节;11. 前肠系膜神经节;12. 肠系膜间神经束(颅侧部);13. 肾上腺(左侧);14. 肠系膜部神经束(中间部);15. 肠系膜间神经束(尾侧部);16. 后肠系膜神经节;17. 后肠系膜神经丛;18. 小结肠

图 8-3　兔腹腔交感神经的分布

实验 49　离体肠段运动的描记

【实验目的】

观察离体情况下肠道平滑肌的运动情况及某些因素对其运动的影响。

【实验原理】

由于肠道平滑肌有壁内神经丛,因此,有自动节律性收缩的特性。离体肠段虽然失去外来神经的支配,但肠壁神经丛仍存在,因此,在适宜的条件下,仍能保持平滑肌收缩的特性及肠壁神经丛的作用。离体肠段运动的实验装置还可以用来研究各种化学因素对平滑肌的影响。

【实验材料】

动物:兔。

器材:BL-420F 生物信号采集与分析系统、计算机、恒温离体平滑肌槽、配电板、恒温水浴锅、手术器械、兔解剖台(取样用)、温度计、注射器、弯头大头针、大小烧杯、滴管、张力换能器、丝线等。

试剂:0.1%肾上腺素、0.01%乙酰胆碱、台氏液等。

【方法及步骤】

(1)仪器安装与调试。

①恒温离体平滑肌槽的安装与调试。在恒温离体平滑肌槽的大槽中加蒸馏水至刻度线,在营养液槽和标本槽(麦氏浴皿)内加入台氏液。接通电源,将台氏液温度设置为 38 ℃,调节"气量调节"旋钮和"气量微调"旋钮,使气泡单行散出。

②调试 BL-420F 生物信号采集与分析系统。按程序打开计算机,进入 BL-420F 生物信号采集与分析系统,从菜单"实验项目"下拉菜单中选择"消化实验"中的"消化道平滑肌的生理特性"的实验模块,使之处于测试前的备用状态。

(2)标本制备。

用木棒击打兔头枕部,使其昏迷后剖开腹腔,从十二指肠附近开始,依次向下端取出一段长度为 3~4 cm 的小肠。将肠段置于台氏液中,轻轻清洗肠管中的粪便。然后,在肠段两端各穿 1 根丝线,一端连接在标本槽的金属小钩上(线短),另一端(线长)垂直连接张力换能器应变片,其输出线与计算机 1 通道连接。实验装置连接如图 8-4 所示。

实验参数:1 通道:张力信号;G:20 mV(50 倍);T:DC;F:20 Hz;扫描速度:2.5 s/div。

(3)观察项目。

①记录离体肠段的自动性收缩曲线 5 min,观察收缩频率及收缩幅度。

②温度对离体肠段运动的影响。逐渐降低台氏液温度至 30 ℃,观察肠段运动有何改变。

③温度恢复至 38 ℃后,加 0.1%肾上腺素 1~2 滴,观察肠段的运动情况,然后用台氏液冲洗。

④待肠段运动基本恢复后,加 0.01%乙酰胆碱 1~2 滴,观察肠段的运动情况。

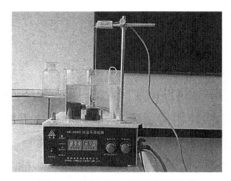

图 8-4 离体肠段运动描记装置

【注意事项】

(1)动物禁食 24 h,在实验前 1 h 喂食。

(2)台氏液应现配现用。

(3)每次加药出现效果后,应立即更换台氏液 3 次,待肠段基本恢复正常运动后进行下一项实验。

(4)通气速度要均匀,不要影响肠段运动。

(5)肠段必须游离,不能贴在麦氏浴皿壁上。

【思考题】

制备离体肠段标本为什么要选小肠上段,尤其是十二指肠?

实验 50 胆汁和胰液的分泌

【实验目的】

观察胰液和胆汁的分泌,了解影响胰液、胆汁分泌的神经和体液因素。

【实验原理】

胰液和胆汁的分泌都受神经和体液因素的调节,其分泌纤维主要存在于迷走神经内(内脏神经中也有少量的分泌纤维存在)。由小肠黏膜产生的促胰液素是促使胰液和胆汁分泌的最主要的体液因素。正常情况下,狗的胆汁由肝脏连续不断地生成,但仅在进食条件下才有胆汁和胰液输入十二指肠。而猪、牛、羊等家畜的胆汁和胰液是不断生成并连续输入十二指肠内的。

【实验材料】

动物:犬、猪或兔等。

器材:兔解剖台或手术台、手术器械、手术灯、气管插管、静脉插管(犬)注射器(2 mL、10 mL、50 mL)、针头(6 号、7 号)、塑料管(胰主导管、胆总管的插管粗细应根据动物选择)、量筒、大小烧杯、丝线等。

试剂：促胰液素、0.4％盐酸、阿托品、0.1％毛果芸香碱、生理盐水、7％水合氯醛或3％戊巴比妥钠等。

【方法及步骤】

(1)实验准备。犬用3％戊巴比妥钠或7％水合氯醛静脉注射麻醉后，仰卧保定。正中切开颈部皮肤，分离肌肉组织，找出两侧迷走神经干、交感神经干，并在神经干下穿线备用；找出并切开气管，然后装上气管插管。颈部手术完成后，用温湿纱布覆盖术部。在大腿内侧切开皮肤，分离股静脉，插入静脉插管并连接输液装置；于犬腹部剑突下10 cm处正中切开皮肤，沿腹白线剖开腹腔，找出十二指肠，而胰腺则在十二指肠系膜上。在胰尾上1~3 cm处仔细寻找分离胰导管进入十二指肠的开口，可隐约见到一个白色小管，从胰腺朝向十二指肠浆膜行走0.5~1.5 cm，此为胰主导管。用小圆针在胰主导管下穿线后，于紧贴肠壁处剪开胰主导管，插入充满生理盐水的塑料管并结扎（只能插入0.3~0.5 cm，切勿插入太深）。将塑料管的另一端置于体外，作收集胰液用（如图8-5所示）。向前在胃幽门附近的十二指肠上找出胆总管，同样插入塑料管备用。

兔胰导管开口于离幽门30~40 cm处的肠壁上，可在此处对光寻找，在胰尾接近肠壁处有0.6~0.8 cm长的胰导管，开口于十二指肠，在十二指肠起始部可找到胆总管的开口，同样插入充满生理盐水的塑料管备用。

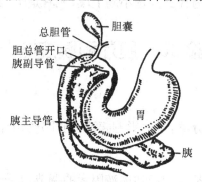

图8-5　犬胰胆管解剖示意图

猪需左侧卧，在右侧倒数第三肋上方切开皮肤，分离肌肉、骨膜，并截除倒数第三肋下端（约3 cm长）。然后剖腹找出十二指肠，在胰尾和十二指肠相连处，可找到胰导管的开口。胆总管紧靠幽门处，插入套管的方法与犬相同。

(2)观察项目。

①胰液和胆汁的自动分泌。在不予刺激的情况下，连续5~10 min记录胰液和胆汁分泌的滴数，并计算每分钟的平均滴数。

②体液因素对胰液和胆汁分泌的影响。a.稀盐酸的影响：向十二指肠腔内注入37 ℃ 0.4％盐酸30~50 mL（兔为20 mL），观察5~10 min内有无反应。计数每分钟胰液和胆汁分泌的滴数，直到恢复正常为止（10~20 min）。b.毛果芸香碱

的影响：由股静脉（兔耳缘静脉）注射毛果芸香碱 1～2 mL（兔 0.5～1 mL），观察胰液和胆汁分泌的变化。c.待分泌恢复正常后，取胆汁 3～5 mL，缓慢注入静脉，观察胰液和胆汁分泌的变化。d.促胰液素的影响：静脉注射促胰液素溶液 5～10 mL，观察 1 min 内胰液分泌有无变化。记录每分钟胰液和胆汁的分泌滴数，直至恢复正常。

③神经因素对胰液和胆汁分泌的影响。为防止迷走神经影响心脏活动和血压，可先注射小剂量的阿托品（1 mg），以麻痹迷走神经至心脏的神经末梢，然后电刺激迷走神经离中端，观察其对胰液、胆汁分泌的影响。

【注意事项】

(1)插入胰导管时要细心，不能插入深，也不要插入导管的夹层中。

(2)每项实验后需间隔一定的时间，即待前一项刺激的影响基本消失后，再进行下一项实验。

(3)用兔进行实验时需禁食 24 h，在实验前喂青菜，以提高胰液和胆汁的分泌量。

【思考题】

(1)酸化十二指肠为什么能引起胰液和胆汁的分泌？其机制是什么？

(2)刺激迷走神经和注射促胰液素均可促进胰液分泌，其机制有何不同？

促胰液素的制备方法

将急性实验用过的犬的空肠和幽门结扎，向肠腔内注入 0.4% 盐酸 100 mL，30～60 min 后剪取该肠段，收集盐酸溶液，刮取十二指肠黏膜，并与盐酸一起煮沸 10 min。黏膜用匀浆器匀浆，其匀浆液以 3000 r/min 离心 30 min。然后小心吸取上清液，4 ℃贮存，使用前用 NaOH 溶液中和至弱碱性备用。

实验 51　小肠吸收和渗透压的关系

【实验目的】

了解小肠吸收与肠内容物渗透压之间的关系。

【实验原理】

肠内容物的渗透压是影响肠吸收的重要因素。同种溶液在一定的浓度范围内，浓度愈高，吸收愈慢；过浓时可致反渗透现象，只有浓度降低至一定程度后，溶质才被吸收。而水的吸收是被动的渗透过程，即待溶质吸收后，溶液成低渗溶液时，水向肠壁、血液中转移。

【实验材料】

动物:兔。

器材:兔解剖台、手术器械、手术灯、注射器(10 mL、20 mL)、针头(6 号、7 号)、棉线等。

试剂:7%水合氯醛或3%戊巴比妥钠、饱和硫酸镁溶液、0.7% NaCl 溶液等。

【方法及步骤】

将兔麻醉后仰卧保定,剖腹,取出一段长约 16 cm 的空肠,用线将其结扎成长分别为 8 cm 的肠段 A 与 B。在 A 段中注入 5 mL 饱和硫酸镁溶液,在 B 段中注入 30 mL 0.7% NaCl 溶液。将肠段 A、B 放回腹腔并闭腹,30 min 后检查两段空肠内容物体积的变化。

【注意事项】

(1)结扎肠段时,应避免结扎到肠系膜上的血管。

(2)注意实验动物的保温。

【思考题】

为什么可将饱和硫酸镁溶液用作泻药?

第9章　能量代谢与体温调节

实验 52　小鼠能量代谢的测定

【实验目的】

了解间接测量小动物能量代谢的基本原理和方法。

【实验原理】

动物体内物质代谢过程总是伴有能量的转换。物质代谢的强度可以通过测定单位时间内二氧化碳的产生量和耗氧量及呼吸熵来间接推算。本实验即通过测定小白鼠在单位时间的耗氧量,推算其产热量及代谢率。

【实验材料】

动物:小白鼠。

器材:广口瓶(干燥器)、水检压计、温度计、小网袋、10 mL 注射器、秒表等。

试剂:液状石蜡、钠石灰、凡士林等。

【方法及步骤】

(1)按图 9-1 所示安装小白鼠能量代谢装置。在注射器内芯上涂抹少量的液状石蜡,并往返抽吸数次,以防气体逸出;也可以在注射器前橡皮管上夹一个止血钳,以防止漏气。

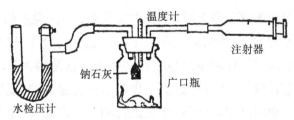

图 9-1　小白鼠能量代谢的测定装置

(2)检查装置的密闭性。用注射器向广口瓶内注入一定容积的气体,使水检压计一侧液面升高,然后夹闭进气管,观察 5~10 min,如水柱高度不变,则表示不漏气,可进行实验。

(3)将小白鼠放入广口瓶内,加盖密闭,待小白鼠安静后开始实验。

(4)先在注射器内注入 10 mL 空气,然后分次推送入广口瓶内(每次 2~3 mL),可见水检压计中大气侧水柱升高,同时记录时间。因小白鼠消耗了氧,产生了二氧化碳,而二氧化碳被钠石灰吸收,故瓶内压逐渐下降,水检压计中两侧水柱差逐渐消失。当水柱液面水平时,再注入 2~3 mL 空气,直至 10 mL 空气全部注入后再次平衡,记录消耗 10 mL 氧所用的时间,计算单位时间内的耗氧量。

(5)假定小白鼠食用混合食物,其呼吸熵为 0.82,氧热价则为20.188 kJ/L,每小时产热量(kJ/h)=混合食物氧热价×每小时耗氧量。

$$代谢率[kJ/(m^2 \cdot h)]=每小时的产热量/体表面积$$

小白鼠的体表面积$(m^2)=9.13×10^{-4}[体重(g)]^{2/3}$(Meeh-Rubner 公式)

【注意事项】

(1)本实验所求得的值为近似值。如通入气体为氧气,且按标准状态校正气体容积,则可获得准确的数值。

(2)钠石灰应新鲜干燥。

(3)实验开始前和消耗 10 mL 氧气后所观察的水柱液面要水平,时间记录要准确,这样误差才会小。为便于观察,可将 U 形管中的水染成红色。

【思考题】

(1)能量代谢率为什么不能以体重为计量单位?

(2)如何减少本实验中的误差?

实验 53　动物体温的测定

【实验目的】

熟悉测定动物体温的方法,了解健康动物的体温状况。

【实验原理】

机体各部分的温度存在着差异,一般体表温度较体内温度低。健康动物体表各部分的温度也不均匀,温度的高低取决于局部血管的分布、皮肤的裸露程度及被毛的厚度。皮肤温度与环境温度也有密切关系。这是因为环境温度不仅能直接影响皮肤的物理性散热,还可通过刺激皮肤的温度感受器,反射性地改变皮肤血管的口径和竖毛肌的舒缩,从而对散热进行调节。因此,测定动物的体温有助于了解其健康状况和皮肤温度分布的一般规律。

【实验材料】

动物:马、牛、猪、羊、鼠、兔等。

器材:兽用体温计、红外温度仪等。

【方法及步骤】

(1)直肠温度的测定。检查动物直肠温度多用兽用体温计,检查前先将体温计的水银柱甩至刻度以下,并适当地涂以润滑剂,再插入动物肛门;动物不同插入深度也不同,大鼠插入约 3 cm,豚鼠、兔、猫、狗、猴、猪、羊等插入约 5 cm。测定时间为 3~5 min。

(2)体表温度的测定。红外温度仪用于检查体表温度。在动物身体的不同部位(如鼻、额、背、腹侧、腹下、上膊、腋部、大腿、肋部、前蹄、后蹄)选择数点,作为测定部位。测定时,待电表指针稳定后,指针所指的度数即该部位的温度数值,分别将数值记录于表 9-1。

表 9-1　实验记录表

环境温度 (℃)	直肠温度 (℃)	皮肤温度(℃)							
		背	侧腹	腹下	上膊	腋部	大腿	前蹄	后蹄

【注意事项】

由于小白鼠较小,用一般温度计不易测量,因此,测小白鼠的体温时,只能用红外温度计测定。

【思考题】

动物机体的正常温度是不是恒定的?

第10章 泌尿生理

实验54 影响尿生成的因素

【实验目的】

了解影响尿液分泌及其调节的一些因素。

【实验原理】

尿是血液通过肾单位时经过肾小球滤过、肾小管重吸收、分泌和排泄而形成的。影响肾小球滤过作用的主要因素是有效滤过压,其大小取决于肾小球毛细血管内的血压以及血浆的胶体渗透压和囊内压;影响肾小管重吸收机能的主要因素是小管液溶质浓度和肾小管上皮细胞的机能状态,后者又被多种激素所调节。

【实验材料】

动物:兔。

器材:BL-420F 生物信号采集与分析系统、受滴棒(记滴器)、压力换能器、头皮静脉针、兔解剖台、兔手术器械、恒温水浴锅、温度计、膀胱套管、膀胱导管、输尿管导管、注射器(1 mL、5 mL、20 mL)、针头、大小烧杯、纱布、丝线、缝针、缝线等。

试剂:7%水合氯醛或3%戊巴比妥钠、0.9% NaCl、20%葡萄糖、0.1%肾上腺素、垂体后叶素、10%尿素等。

【方法及步骤】

(1)实验准备。先将兔称重麻醉后,再将膀胱套管内充满温热的生理盐水,再用止血钳夹住备用。自耻骨联合处向前剪毛,于腹壁正中切开4~6 cm,以暴露膀胱。在输尿管背面穿线,并结扎尿道,在膀胱腹壁上远离输尿管处避开血管作荷包缝合,切开后插入膀胱套管,然后收紧缝线固定(如图10-1所示),将膀胱纳入腹腔,用纱布覆盖创面。于左侧肾上腺附近分离内脏大神经,穿线备用。剪去颈部被毛,做颈部正中垂直切口,首先分离两侧迷走神经,并各穿一根线备用。然后分离左侧颈部总动脉,插入动脉插管(见实验16),并与压力换能器相连,其输出端连接 BL-420F 生物信号采集与分析系统的1通道,用头皮静脉针做耳缘静脉穿刺并固定,同时缓慢输入生理盐水(5~10滴/分)以保持静脉畅通。

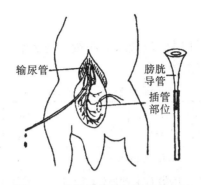

图 10-1 兔输尿管及膀胱套管方法

将膀胱导管固定,其开口对准受滴棒(记滴器),受滴棒的输出端与 BL-420F 生物信号采集与分析系统的记滴插口相连。按程序打开计算机,单击菜单"实验项目"后弹出下拉式菜单,从"泌尿实验"项中选定"影响尿生成的因素",系统将自动启动采样进入实验。

实验参数:1 通道:压力信号(动脉血压);G:10 mV(100 倍);T:DC;F:10 Hz;扫描速度:100.0 s/div。

(2)观察项目。

①记录对照条件下每分钟分泌的尿液滴数,连续计数 5 min,求其平均值,并观察动态变化。

②静脉注射 38 ℃生理盐水 20 mL,记录每分钟分泌的尿液滴数。

③静脉注射 0.1% 肾上腺素 0.2 mL,记录每分钟分泌的尿液滴数。

④静脉注射 38 ℃ 20% 葡萄糖 20 mL,记录每分钟分泌的尿液滴数。

⑤静脉注射垂体后叶素 1~2 U,记录每分钟分泌的尿液滴数。

⑥静脉注射 10% 尿素 5 mL,记录每分钟分泌的尿液滴数。

⑦切断两侧迷走神经,以中等强度电刺激连续刺激一侧迷走神经离中端,观察尿液分泌的变化。

⑧按同法刺激内脏大神经,观察尿液分泌的变化。

【实验说明】

该实验 1 通道用于观察动物血压,如果有尿滴通过,尿滴标志将显示在 1 通道图形的上方。信息区反映动脉血压的信息,趋势图反映尿生成情况。Unit 系统默认值为 5 s,也可另行设置。

【注意事项】

(1)兔的尿道口短,不论雄兔、雌兔都应在膀胱颈部尿道口结扎。

(2)每项观察均须待前项作用的影响基本消失后方可进行。

(3)实验前 1 h,给予实验兔 40~50 mL 自来水。

【思考题】

(1)大量饮水与静脉注射生理盐水对尿量有何影响？为什么？

(2)根据实验结果填写表10-1。

表10-1　影响尿生成的因素的实验结果记录表

动物体重		麻醉方法		室温		实验人员	
		麻醉剂及剂量		日期			
实验项目		血压(mmHg)			尿量(滴/分)		
正常		刺激前(或给药前)	刺激后(或给药后)	刺激前(或给药前)		刺激后(或给药后)	
生理盐水 20 mL							
0.1%肾上腺素 0.2 mL							
20%葡萄糖 20 mL							
垂体后叶素 1~2 U							
10%尿素 5 mL							
刺激迷走神经离中端							
刺激内脏大神经							

实验 55　蛙肾小球血流的观察

【实验目的】

观察肾小球的形态、结构及肾小球内血液循环的情况。

【实验原理】

肾动脉直接由腹主动脉分出,入球小动脉进入肾小球后,分支成毛细血管网,后又汇合成出球小动脉。这使肾小球毛细血管内血压较其他部位高,并有较大的滤过表面积,有利于原尿的生成。

【实验材料】

动物:蟾蜍或蛙。

器材:(有较强光源的)显微镜、蛙循环板、药棉、探针、手术器械、大头针等。

【方法及步骤】

(1)用探针破坏蛙的脑与脊髓后,将蛙背位固定于蛙循环板上,同时蛙体遮住孔的 1/3~1/2。

(2)在左侧(或右侧)偏离腹中线 1 cm 处纵向剖开腹腔,前至腋下,后至耻骨联合;分别在切口的两端横切,剪去切口靠脊柱一侧的腹壁皮肤和肌肉,并用棉球把内脏推向对侧。

(3)用眼科镊小心提起与肾脏相连的腹膜(若是雌蛙,则可将输卵管拉出,其内侧即与肾脏相连),再用大头针将腹膜固定在循环板圆孔的周围(大头针应以45°角捣向圆孔四周),同时固定蛙的四肢。用脱脂棉将蛙板底部擦净,再用镊子将肾脏底面的腹膜去掉,将蛙板置于显微镜载物台上进行观察。

(4)用低倍镜观察肾小球的形状,可见肾小球为圆形的毛细血管团,外面包有肾球囊,同时可见血液由入球小动脉流入肾小球,后经出球小动脉流出肾小球。

【注意事项】

(1)与蟾蜍肾脏相连的膜有两层,与肾脏相连的为脏层,脏层连续折向腹壁的称为壁层。观察时应将壁层除去而保留脏层。

(2)本实验选用小蛙或公蛙效果较好。

(3)如在冬季观察,可先将蟾蜍在 35 ℃温水中浸泡 30 min,以促进血液循环。

(4)在蟾蜍或蛙肾脏的边缘有一条大血管,到肾脏前端开始分叉,所以,在肾脏前端更容易观察到肾小球血流的情况。

【思考题】

简述肾单位的结构与机能。

第11章 生殖与泌乳生理

实验56 下丘脑促性腺激素释放激素
对小鼠发情周期的影响

【实验目的】

观察下丘脑促性腺激素释放激素(gonadotropin-releasing hormone,GnRH)对小鼠发情周期、生殖器官及血液中雌二醇、孕酮含量的影响。

【实验原理】

性成熟后雌性动物的发情周期主要受下丘脑-腺垂体-性腺轴及性腺激素反馈信息的调节。

【实验材料】

动物:处女鼠。

器材:1 mL 注射器、手术剪、镊子、小试管、载玻片、天平、棉签。

试剂:GnRH、肝素溶液(1250 U/mL)、Giemsa 或 Wrights 染色液、生理盐水、雌二醇和孕酮放免药盒等。

【方法及步骤】

(1)实验准备。取小试管 8 支,每支加入肝素溶液 0.2 mL,烘干备用。

(2)动物分组。取品种相同、体重相近的处女鼠 8 只,随机分 2 组,即实验组和对照组各 4 只。

(3)阴道涂片检查确定小鼠所处的发情周期,按实验 25【方法与步骤】中的(2)、(3)进行。

(4)实验组每只小鼠均肌肉注射 GnRH 0.5 mL(2 μg),对照组注射生理盐水 0.5 mL。24 h 后再注射 1 次。

(5)第一次注射后 30 h,再涂片检查一次。涂片后断头、取血、编号、分离血浆,待测。

(6)解剖检查。注意阴户状态,观察两组动物的卵巢、子宫形状并称重。

(7)用雌激素和孕酮放免药盒测定血浆雌激素和孕酮含量,方法见药盒说明书。

【分析讨论】

根据实验结果,记录、分析 GnRH 的作用。

实验 57　受精卵的获取

【实验目的】

了解排卵过程,并掌握获取受精卵或卵子的技术。

【实验原理】

母畜于性周期的一定时期(一般在发情期)自动排卵,而有些动物如兔则于交配后才开始反射性排卵。交配后,卵子一般在输卵管上段受精,故交配后经过适当时间才能在输卵管获取卵子或受精卵。

【实验材料】

动物:空怀母兔(猪)。

器材:手术器械、注射器、表面皿、显微镜或解剖镜、放大镜等。

试剂:7%水合氯醛或 3%戊巴比妥钠、碘酊等。

【方法及步骤】

(1)将交配后 18~20 h 的母兔用酒精生理盐水麻醉后固定在兔解剖台上,于腹部剪毛、消毒,然后剖开腹腔,找出子宫与两侧输卵管。

(2)将装有生理盐水的注射器在输卵管和子宫角连接处插入输卵管,并略向上提,然后轻轻推压注射器,使生理盐水徐徐冲洗输卵管,于输卵管的伞部流入预先准备好的洁净玻璃皿中。于另一玻璃皿内用同法冲洗另一侧输卵管,然后在低倍显微镜下检查,寻找受精卵(如图 11-1 所示)。同时进行创口缝合并消毒。

(3)如获取猪的卵子或受精卵,则于母猪接受交配后 24~48 h 进行手术,截取两侧输卵管和卵巢,冲洗方法同上。镜检后记录两侧输卵管的卵子或受精卵数及受精卵的发育情况(卵裂数)。

【注意事项】

(1)为操作方便,可用丝线将兔的输卵管与子宫交接处结扎,切断并取出输卵管,然后进行冲洗。

(2)冲洗用的生理盐水不宜过多,且必须全部回收入玻璃皿,以免卵子流失。

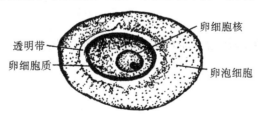

图 11-1　兔受精卵

实验 58　孕马血清激素活性的生物测定方法

【实验目的】

了解母马妊娠时胎盘产生的促性腺激素的作用,运用生物测定激素的方法作妊娠诊断,或确定孕马血清的促性腺激素活性。

【实验原理】

母马妊娠后数星期,胎盘开始分泌促性腺激素,并可在血清中检测到。妊娠第 3 个月时,促性腺激素含量迅速增加,并由血液经尿排出,故尿中也可测出。因此,检测孕马血清、尿中促性腺激素的存在是妊娠诊断的手段之一。而孕马血清也可作促性腺激素用。

【实验材料】

动物:处女小白鼠(体重为 6～8 g)。

器材:注射器、剪刀、镊子、放大镜等。

试剂:孕马尿或血清、生理盐水。

【方法及步骤】

(1)取雌性(性未成熟的)小白鼠 5 只,3 只于背部皮下注射孕马血清 0.5～1 mL,另 2 只作对照。经 76 h 后,观察阴户有无变化(如阴户开张、红肿充血,则为阳性反应)。然后用颈椎脱臼法将其处死,剖腹观察卵巢、输卵管和子宫的变化。阳性反应的卵巢充血、肿大、有成熟卵泡和黄体,输卵管和子宫都增大。记录观察结果。

(2)如用孕马尿,取小白鼠 5 只,3 只每天均皮下注射新鲜孕马尿 0.2 mL,连续 5 天;2 只注射生理盐水作对照。注射 4 天后,开始逐日检查阴户或阴道涂片检查,观察有无发情症状。处死后观察子宫是否肿大及充满分泌物。

(3)如实验呈阳性反应,证明母马已妊娠。

【注意事项】

尿液标本应新鲜,取样期间应控制动物的饮水量。

【思考题】

孕马血清有何生理作用? 能否用于畜牧兽医实践?

实验 59　乳山羊的排乳反射

【实验目的】

了解泌乳家畜的排乳过程及其调节。

【实验原理】

家畜排乳是由条件反射与非条件反射参与的复合反射过程,垂体后叶激素也参与这一反射活动的调节。

【实验材料】

动物:泌乳羊(牛)。

器材:导乳管、量筒、注射器、秒表等。

试剂:催产素或垂体后叶素等。

【方法及步骤】

(1)令泌乳期山羊站立保定于固定架中,将导乳管插入右侧乳头,即有乳汁徐徐流出。盛取并测其容积,此乳汁称为乳池乳。

(2)乳池乳排完后,仍将导乳管留在乳头内,进行下列实验:a. 让该羊的羔羊出现,但不予哺乳,观察导乳管有无乳汁排出。b. 挤左乳头或由羔羊吮吸,记录经过多长时间右乳头开始排乳,排出情况如何。计量流出乳汁的容积,此乳汁为反射性乳。c. 反射性乳排完后,经耳缘静脉注射催产素或垂体后叶素 3～5 U,观察有无乳汁排出。这时排出的乳汁为残留乳。

如用乳牛进行实验,可由尾静脉注射催产素 20 U。无需特别保定,这样可减少应激反应。

【注意事项】

保持安静的环境,减少应激刺激。

【思考题】

根据实验结果,讨论排乳的神经-体液调节机制。

第12章 多系统综合实验

实验60 不同因素对兔呼吸、心血管及肾泌尿功能的影响

【实验目的】

学习同步观察和记录多项生理指标的方法,分析不同因素对生理指标的影响及其机制,以及相互间的内在联系。

【实验原理】

在神经和体液等因素的调节下,体内各器官系统的功能活动相互协同和配合,从而构成有机的整体性活动。内环境稳态是机体各功能系统相互协调、相互配合而实现的一种动态平衡,是各种器官、细胞正常生理活动的必要条件。本实验通过施加人为干预改变神经和体液的调节强度以及内环境的某些理化性质,以观察其对呼吸、心血管和肾脏泌尿功能的影响。

【实验材料】

动物:家兔。

器材:BL-420F生物信号采集与分析系统、兔手术器械、兔手术台、保护电极、压力换能器、水检压计等。

试剂:0.01%肾上腺素、1000 U/mL肝素、20%氨基甲酸乙酯等。

【方法及步骤】

(1)麻醉。取成年家兔1只,称重,用20%氨基甲酸乙酯溶液按每千克体重5 mL耳缘静脉注射。将其麻醉后仰卧固定于手术台上,分离气管并插管;分离左右两侧颈总动脉和迷走神经,穿线备用。

(2)张力换能器连接。在胸骨下切开皮肤,分离胸骨柄软骨并穿线结扎,线的一端与张力换能器相连,调节张力以记录呼吸运动。

(3)动脉插管。分离左颈总动脉,插入动脉导管(见实验16)以记录血压。

(4)腹部手术。于耻骨联合上剖腹,插入膀胱漏斗或输尿管插管以收集尿液。

(5)观察和记录。观察和记录呼吸、血压及尿量20 min,待动物状态稳定后再进行以下处理。每次处理前需待上次处理的变化恢复至对照。其中,观察项目包括:a. 用动脉夹夹闭右侧颈总动脉10 s。b. 吸气末向肺内注入空气20 mL。c. 增加吸入气中二氧化碳的浓度。d. 用中等强度连续刺激右侧迷走神经10 s。e. 耳

缘静脉注射 0.01%肾上腺素,每千克体重 0.2 mL。f.耳缘静脉注射血管升压素,每千克体重 2 U。

【注意事项】

尽量减少手术过程对动物造成的损伤,以保持动物功能状态的相对稳定。

【思考题】

分析上述因素对呼吸、心血管和肾泌尿功能影响的机制。

实验 61　心-肾反射活动的观察与分析

【实验目的】

通过同步观察中心静脉压和肾交感神经放电及尿量的变化,分析其中的协调关系,探讨心-肾反射在整体功能中的作用。

【实验原理】

心-肾反射是机体内心、肺和肾之间相互关系的一种特异性反射,对机体循环血量的调节具有一定作用。当心肺感受器受到机械性和化学性刺激时,可反射性地引起肾排水、排钠增多。急性增加循环血量使回血量增多,刺激心肺感受器传入冲动增多,经中枢整合后引起支配血管收缩的交感神经减少,尤其是肾交感神经传出冲动减少,导致肾动脉血管扩张、肾血流量增多、肾小球滤过率增大、肾排水排钠增多。

【实验材料】

动物:家兔。

器材:BL-420F 生物信号采集与分析系统、手术器械、兔手术台、压力换能器、中心静脉压测压导管、引导电极、输尿管插管(2 根)、试管等。

试剂:生理盐水 500 mL。

【方法及步骤】

(1)麻醉与固定。取成年家兔 1 只,称重,用 20%氨基甲酸乙酯溶液按每千克体重 5 mL 耳缘静脉注射。将其麻醉后背位固定于手术台上,剪去颈部被毛。

(2)气管插管。分离右颈外静脉,插入中心静脉导管并连接至压力换能器,并与计算机相连。

(3)腹部手术。沿腹白线切开皮肤,打开腹腔,分离一侧肾神经,安装记录电极并与计算机相连。

(4)输尿管插管。插入左右两侧输尿管插管以记录尿量。

(5)观察项目。实验准备结束后 10 min 内,经耳缘静脉缓慢注入生理盐水

20 mL,至出现尿液(1～2 mL/min),然后观察以下项目:a.记录中心静脉压和肾交感传出神经放电,测定左右两肾的排尿量 10 min。b.于压力换能器三通管处,按每千克体重 20 mL 在 5 min 内注入生理盐水。记录从输液开始至结束后 5 min 的中心静脉压和肾交感传出神经放电的变化,测量总排尿量。c.在对照与输液处理期间,观察中心静脉压和肾交感传出神经放电活动的相关性。

【注意事项】

中心静脉压插管和肾神经分离需仔细,尽量减少损伤。

【思考题】

(1)试述心-肾反射及其在整体功能中的作用。

(2)试述中心静脉压和肾交感传出神经放电之间的关系。

实验 62   迷走神经传入、膈神经传出放电及呼吸运动同步记录

【实验目的】

观察和比较呼吸运动、胸内负压和膈神经放电三者之间的相互关系,加深对呼吸运动的产生及其调节机制的理解。

【实验原理】

节律性的呼吸运动是由呼吸中枢产生的节律性兴奋,经脊神经(肋间神经)和膈神经传出,引起膈肌和肋间肌节律性收缩和舒张,导致胸廓节律性的扩大和缩小。因此,通过记录迷走神经和膈神经放电可记录呼吸运动。

在呼吸过程中,肺随胸廓的运动而运动,是因为在肺和胸廓之间存在密闭的胸膜腔以及肺有扩张性。胸膜腔是紧贴于肺表面的胸膜脏层和紧贴于胸廓内壁的胸膜壁层之间的密闭腔隙,其内的压力为负压。吸气过程中,气管和支气管扩张,刺激其壁上的肺牵张感受器,并经迷走神经传入冲动,使吸气抑制转为呼气。如破坏了胸膜腔的密闭性,则胸膜腔内负压消失,造成肺不张,引起呼吸困难,使肺的牵张感受器向中枢发放冲动减少,膈神经放电也相应减弱。

【实验材料】

动物:家兔。

器材:BL-420F 生物信号采集与分析系统、兔手术器械、张力换能器、兔手术台、气管插管、胸内套管、引导电极、长橡胶管、玻璃分针、二氧化碳发生器等。

试剂:3%戊巴比妥钠或 20%氨基甲酸乙酯、液状石蜡、0.01%乙酰胆碱、生理盐水等。

【方法及步骤】

(1)麻醉与固定。取成年家兔 1 只,称重,用 3％戊巴比妥钠(每千克体重 1 mL)或 20％氨基甲酸乙酯溶液(每千克体重 5 mL)耳缘静脉注射,麻醉后背位固定于手术台上,剪去颈部被毛。

(2)颈部手术。切开颈部皮肤,分离气管并插管。

(3)分离右膈神经。用止血钳在颈外静脉(位于外侧皮下)和胸锁乳突肌之间向深处分离,直至气管附近,可见较粗的臂丛神经向后外行走,且其内侧有一条较细的膈神经横过臂丛神经并与其交叉,用玻璃分针仔细分离,并用温热液状石蜡浸润以防干燥。

(4)分离迷走神经。分离颈部右侧的迷走神经并用液状石蜡浸润。

(5)放置记录电极。在迷走神经和膈神经处分别置入记录电极,并将信号输入计算机,同时调节有关参数,记录二者的放电曲线。

(6)记录呼吸运动。暴露剑突内侧面附着的两块膈小肌,并剪断剑突软骨柄(注意止血),使剑突完全游离,然后将连线缚于张力换能器上,记录呼吸运动。

(7)胸内压插管。记录呼吸运动时胸内负压的变化。

(8)观察项目。实验操作结束 20 min 后,再进行以下实验项目的观察:

①平静呼吸运动与迷走神经、膈神经放电和胸内负压变化的关系:记录平静呼吸运动曲线、迷走神经和膈神经放电以及胸内负压变化曲线,作为对照。

②增大无效腔对胸内负压及呼吸运动的影响:在气管插管的一端套入橡皮管并夹闭,另一端连接一根 50 cm 长的橡皮管,观察上述指标的变化 10 min。若出现明显变化,则停止刺激,待动物呼吸运动恢复至对照时,再进行下一个项目的观察。

③先记录一段胸内负压变化曲线图作为对照,然后在同一肋间处插入充有 50 mL 空气的注射器针头,每次充气 10 mL,直至胸内压为 0。然后,每次从胸膜腔内抽出气体 10 mL,直至胸内压恢复至对照。动态记录迷走神经和膈神经放电、呼吸运动及胸内压曲线的变化。

④乙酰胆碱对呼吸运动、膈神经放电的影响:耳缘静脉注射 0.01％乙酰胆碱溶液 0.5 mL,观察呼吸运动、膈神经放电的变化。

⑤在动物第 6 或第 7 颈椎处切断脊髓,观察迷走神经和膈神经放电以及呼吸运动的变化。

【注意事项】

(1)胸膜腔穿刺时,勿伤及肺。

(2)脊髓离断时,位置不可高于第 5 颈椎。

【思考题】

(1)试分析迷走神经和膈神经放电、胸内压变化与呼吸运动间的关系。

(2)分析上述因素改变迷走神经和膈神经放电以及呼吸运动的机制。

实验 63　神经干骨骼肌综合性实验

【实验目的】

神经和肌肉均为可兴奋组织,当刺激强度、刺激持续时间和刺激强度对时间的变化率达到某一临界值时,即可引起组织细胞发生兴奋。本实验用中等强度的电刺激刺激神经干,同步记录神经干动作电位、骨骼肌动作电位和肌张力,观察琥珀胆碱、新斯的明、甘油对神经及肌肉活动的作用,从而锻炼实验者的综合思维能力。

【实验材料】

动物:蟾蜍或蛙。

器材:BL-420F 生物信号采集与分析系统、蛙类手术器材 1 套(蛙板、探针、大剪刀、眼科剪、有齿镊、小弯镊、玻璃分针、小烧杯、培养皿、滴管、瓷碗、任氏液和细线)、铁支架、张力换能器、屏蔽盒等。

试剂:5%氧化琥珀胆碱溶液、0.1%甲硫酸新斯的明注射液、20%甘油任氏液等。

【方法及步骤】

(1)制备蟾蜍或蛙的坐骨神经-腓肠肌标本(见实验 1)。

(2)标本放置与连线。将坐骨神经-腓肠肌标本置于屏蔽盒内,固定股骨。将肌肉置于第 6、7 电极上,该对电极接第 2 通道引导肌电。将神经干置于第 1、2、3、4、5 电极上,第 1、2 电极接刺激器输出,第 3 电极接地线,第 4、5 电极接第 1 通道引导神经干动作电位,张力换能器接第 3 通道引导肌张力。将标本连线经滑轮挂于张力换能器(标签面朝上)的受力片钩上,调节换能器至连线稍绷紧,以给标本一定量的前负荷(操作应极为轻柔)。

(3)软件操作。开机并启动 BL-420F 生物信号采集与分析系统。

①信号输入:通道 1 选动作电位,通道 2 选肌电,通道 3 选肌张力。

②刺激参数设置:细电压,单次刺激,延时 10 ms,波宽 0.05 ms,强度 1.0 V。

③G、T、F、V 设置如表 12-1 所示。

表 12-1　信号参数设置值

通道	信号	G	T	F	V
1	动作电位	20 mV	0.01 s	10 kHz	250 ms/div
2	肌电	2 mV	0.01 s	1 kHz	250 ms/div
3	张力	10 mV	DC	20 Hz	250 ms/div

(4)观察项目。

①手工施加刺激(也可选程控,频率为 1 Hz),记录神经干动作电位、肌电及肌肉收缩的正常曲线。可依据曲线高低适当调整放大倍数,非刺激时可暂停记录。

②给肌肉滴加 5％氯化琥珀胆碱溶液数滴,观察各指标变化。

③给肌肉滴加 0.1％甲硫酸新斯的明注射液数滴,观察各指标变化(如图12-1所示)。

④换 1 个新标本,将刺激方式改为连续单刺激,频率为 1 Hz,给肌肉滴加 20％甘油任氏液,观察各指标变化(如图12-1所示)。

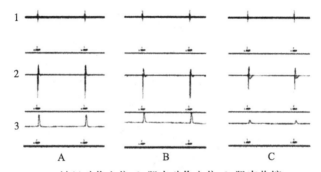

1. 神经动作电位;2. 肌肉动作电位;3. 肌肉收缩

A. 用药前;B. 用琥珀胆碱后;C. 在琥珀胆碱基础上用新斯的明后

图 12-1　琥珀胆碱、新斯的明对神经及肌肉活动的影响

(5)结果处理。

①描绘神经动作电位、肌肉动作电位、肌肉收缩的时间对应关系的图形。

②选一个扩展后较好的图形来观察各项指标。

【注意事项】

(1)在实验过程中,用任氏液湿润标本,以防止标本干燥而失去兴奋性。

(2)如果腓肠肌在未给予电刺激时即发生挛缩,可能是由于仪器漏电等,此时应检查仪器接地是否良好。

(3)观察 3 个通道的对应关系时,应选择适宜速度(扩展)以使图像较清晰。

(4)根据不同情况可适当调节参数设置,并选择合适的接地点,以使基线平滑、反应波形明显。

【思考题】

(1)动作电位是怎样形成的?

(2)解释神经动作电位、肌肉动作电位、肌肉收缩的时间对应关系。

(3)从实验结果判断,能否用新斯的明对抗琥珀胆碱的肌肉麻痹作用? 为什么?

第13章 虚拟仿真性实验

13.1 VBL-100 医学机能虚拟实验室系统介绍

13.1.1 系统概述

VBL-100 医学机能虚拟实验室系统是成都泰盟科技有限公司推出的机能学实验仿真软件,该软件采用计算机虚拟仿真与网络技术,运用客户/服务器的构架模式,涵盖了 30 多个机能学实验的全套模拟仿真。由于模拟仿真实验不需要实验动物及实验准备,即可帮助学生理解实验操作步骤和实验效果,因此,可以作为机能学实验教学的一个有益补充。它对教师而言,起到辅助教学的作用;对学生而言,则起到知识的预习、熟悉及强化的作用。该系统由基础知识、实验动物、实验仪器、模拟实验(含简介、原理、操作仿真、实验录像和实验波形模拟 5 个部分)、实验考核等部分组成,结构完整、内容丰富(如图 13-1 所示)。

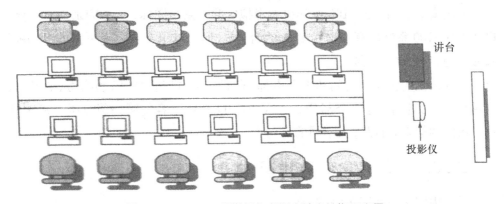

图 13-1 VBL-100 医学机能虚拟实验室结构示意图

13.1.2 系统特点

(1)采用客户/服务器的体系结构,既可以在实验室局域网进行访问,又可以在校园网范围内进行访问,不仅方便学生使用,也便于系统扩充和升级。

(2)系统整体结构完整,内容丰富,包含资料室、动物房、准备室、模拟实验室和考场 5 个部分内容。

(3)该系统介绍了大量的生物机能学背景知识,比如信号采集与处理技术、传感器技术等,可拓展学生的知识面。

（4）该系统介绍了 20 多种新的实验设备，包括每种实验设备的用途、原理和操作，既开阔了学生的视野，又为学生进行探索性实验以及自主设计实验提供了新的科学指导。

（5）30 多个仿真实验涵盖了生理、药理、病生、人体、综合等大量实验内容。

（6）每个仿真实验包括简介、原理、操作仿真、实验录像和实验波形模拟 5 个部分，全方位地介绍了整个实验，既表达整体，又表达细节，便于学生对实验操作的充分理解和掌握。

（7）自主研发的波形核心模拟算法，对每一个波形的模拟都非常逼真，比如血压模拟，不仅模拟每个血压波形的细节，如收缩期、舒张期、心房波等，而且对二级呼吸波也进行了逼真的模拟。

（8）系统具有开发性，用户可以将自己的实验图片、实验录像、实验原理和操作的文字加入系统中，从而扩充系统的适用性。

13.2 VBL-100 系统客户端操作说明

13.2.1 进入及退出系统

单击桌面上的 VBL-100 医学机能虚拟实验室系统图标，进入 VBL-100 系统。启动 VBL-100 系统后有一段约 15 s 的简介动画，可以单击屏幕右下角的"Enter"圆形按钮，直接进入系统。

主界面上包括 4 个房间和 1 部电梯，它们分别对应资料室、动物房、准备室、考场和模拟实验室，这 5 个部分是对 VBL-100 系统内容的第一级分类。用鼠标单击房间的标牌，可以进入不同的房间中。

13.2.2 系统内容结构图

系统内容构架如图 13-2 所示。

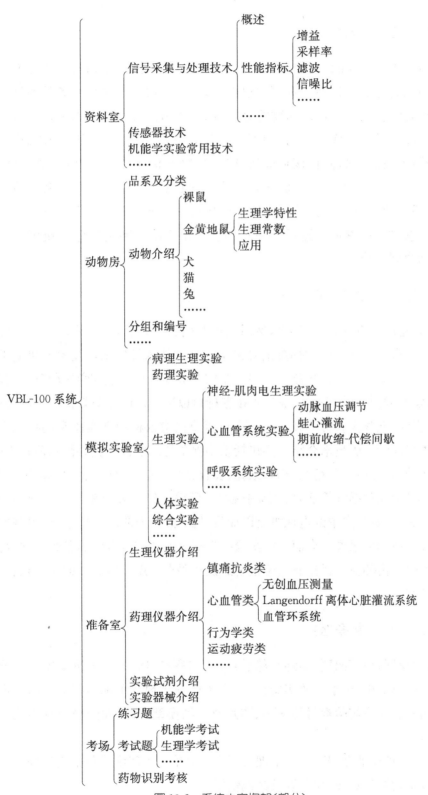

图 13-2　系统内容构架(部分)

13.2.3　动物房

点击系统主界面的"动物房"标牌,进入动物房内;在动物房的右上角有 2 个圆形按钮,分别是"返回首页"及"退出系统"。动物房中除介绍各种动物的基本知识外,还包含动物编号、动物的分类、选择动物以及动物性别识别等基础知识。点击相应动物门牌的房间,即可进入该动物的介绍页面,如点击"猫"可查看关于猫的相关知识,而在该页面底部有"生物学特性""生理常数"及"应用"3 个按钮,点击后即可进入不同的知识点介绍页面;点击动物房左边墙上贴的表格,可查看动物的分组和编号。在每个最终知识介绍页面的右上角有 3 个圆形按钮,分别是"返回首页""返回上一页"及"退出系统",利用这些按钮可以在不同的页面之间转换。

13.2.4　资料室

点击"返回首页"回到主界面,然后点击"资料室"标牌,进入资料室中。资料室的书架上有 8 本书,分别对应《信号采集与处理技术》《传感器技术》《机能学实验常用技术》《VBL-100 使用指南》《机能学实验概述》《病理生理学》《药理学实验》《生理学实验》等基础知识点。通过点击鼠标可以进入任何一类知识介绍画面中。比如,单击《机能学实验常用技术》书本,可以直接进入机能学实验常用技术介绍画面中。机能学实验技术介绍主要包括动物捕拿与固定、动物麻醉、术前备皮(红色表示去掉)、皮肤切开、组织分离、结扎、缝合、取血、给药、处死、急救等基本实验操作。本部分还包括气管插管、颈动脉插管、颈部神经分离等颈部知识介绍和录像演示。另外,资料室中的电视机可以播放录像,点击液晶电视屏幕,即可观看基本实验操作技术的录像。桌面上的实验报告则显示了实验报告的各组成部分,学生可以通过点击相应项目查看实验报告的撰写要求。点击桌面上的实验报告,可进入实验报告页面。

13.2.5　准备室

点击"返回首页"回到主界面,然后点击"准备室"标牌,进入准备室中。准备室内有 2 个物品柜,用于存放实验仪器、实验所需试剂及手术器械等。用户可以通过点击观看相应实验素材的文字、图片及三维模型介绍,如同身处真实的实验室中一般。

点击"生理仪器介绍",进入生理仪器介绍菜单。生理仪器包括信号采集与处理系统仪器、神经电生理仪器以及其他仪器等。

点击"实验器械介绍",进入实验器械介绍菜单。实验器械包括常用手术器械、蛙类手术器械、哺乳类手术器械 3 类,每种器械都配有文字、图片演示以及三维动画介绍其特点和使用方法。

点击"实验试剂介绍",进入实验试剂介绍菜单。实验试剂主要包括常用生理溶液、常用抗凝剂和常用麻醉剂。

点击"药理仪器介绍",进入药理仪器介绍菜单。药理仪器包括镇痛抗炎类、心血管类、行为学类以及运动疲劳类,每种仪器又包含简介、原理及常用操作 3 个部分。

13.2.6 考场

点击"返回首页"回到主界面,然后点击"考场"标牌,进入考场中。考场主要通过大量的机能学试题,考查学生在课后掌握知识的能力。学生可以在机房上机进行自测,这样可以节约大量的人力、物力及时间资源。点击考试桌上的试卷,即进入考试内容菜单。

13.2.7 模拟实验室

点击"返回首页"回到主界面,然后点击"模拟实验室"标牌,进入模拟实验室中,模拟实验室分为生理实验室、药理实验室、病生实验室、人体实验室以及综合实验室 5 个单独的部分。

选择要去的实验室,即可进入该实验室菜单。例如,点击生理实验室按钮,即进入生理实验,其中包括神经-肌肉电生理实验、心血管系统实验、呼吸系统实验、泌尿系统实验、血液系统实验、消化系统实验等内容。每个实验均包含实验简介、实验原理、模拟实验、实验录像和实验波形 5 个部分,在任何一个实验中单击相应按钮,即进入该介绍部分。

药理实验主要包括学习记忆类药物、镇静类药物、抗焦虑类药物、抗抑郁类药物、镇痛类药物、抗炎类药物、抗疲劳类药物、心血管类药物、药物的安全性试验等部分。涵盖的实验项目有药物对动物学习记忆的影响(八臂迷宫法、避暗法)、药物的镇静作用实验、药物的抗焦虑作用实验、药物的抗抑郁作用实验、药物的镇痛作用实验(热板法、光热刺痛法)、地塞米松对实验大鼠足趾肿胀的影响、抗疲劳实验(转棒法、跑步机测试法)、药物的抗高血压实验、药物的急性毒性实验、药物对豚鼠离体气管条的作用、磺胺半衰期的测定。

病理生理实验主要包括急性高钾血症、急性失血性休克及微循环变化、体液改变在家兔急性失血中的代偿作用、家兔血液酸碱度变化等。

人体实验主要包括人体指脉信号、人体全导联心电、人体心音图、人体肌电图、人体眼电图、人体 ABO 血型的鉴定等。

　　综合实验主要包括理化因子对消化道平滑肌生理特性的影响、神经体液因素及药物对心血管活动的影响、影响尿生成的因素及利尿药的作用、兔呼吸运动的调节与药物对呼吸的影响等。

　　在模拟实验室中,学生可以逐步点击相应的实验素材来模拟实验操作过程,操作过程中穿插对药物及操作的考核。如果学生在实验模拟过程中需要查看药物剂量或者忘记操作步骤,就可以适时点击观看演示及录像。

　　实验结果的演示也是在学生进行相应操作后呈现的,例如,给予不同频率电刺激后骨骼肌出现的完全强直性收缩与不完全强直性收缩,动脉血压调节实验中学生给予肾上腺素后血压的波形上升等。

13.3　VMC-100 医学虚拟仿真实验室系统介绍

　　该系统是 VMC-100 医学虚拟仿真实验教学中心专为国家级医学虚拟仿真实验教学中心设计的。该系统以 Internet 为基础,继承于 VBL-100 医学机能虚拟实验室,拥有 100 多项机能学实验仿真等模块,同时扩展了 PBL 临床教学思维案例、病原微生物学、细胞分子生物学、生物化学、人体解剖学等众多虚拟实验教学软件内容,并具备学生实验教学管理、成绩统计、题库管理、信息发布、学习自测、组卷考试等功能。

13.3.1　系统特点

　　该系统以 Internet 为基础,能够支持分布式的资源服务器(如图 13-3 所示),让用户对实验资源的访问分散到资源服务器上,以支撑大量学员对实验资源的并发访问。平台支持成熟的虚拟实验室软件(如 VBL-100 医学机能虚拟实验室)兼容到 VMC 平台。在 VMC-100 医学虚拟仿真实验教学中心平台的基础上,可以添加学校的虚拟仿真特色内容,修改显示界面后,就可以轻松构建学校的虚拟仿真实验教学中心。

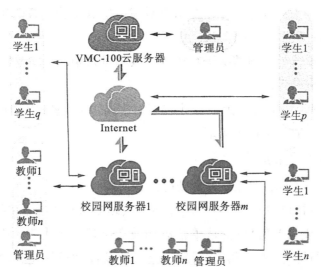

图 13-3　VMC-100 医学虚拟仿真实验室系统的拓扑结构

13.3.2　系统功能

13.3.2.1　门户网站功能

系统包含一个门户网站,用于展示中心介绍、实验教学、实验队伍等,能发布新闻、公告、通知等信息。发布的信息需要高级管理员审核通过,才能发布出去。新闻、公告等信息的组织结构搭配灵活,支持文本编辑、字体选择、字号选择、对齐、行距等编辑功能,内容支持文本、图片、附件、表格、URL 链接等。可以在发布的新闻、公告中,选择一些图片作为图片新闻,在首页中以幻灯片的方式切换播放,并支持点击查看新闻详情;也可以选择一些图片作为滚动新闻,在首页中以跑马灯的形式展现。

13.3.2.2　虚拟实验学习功能

支持虚拟实验的播放与学习;支持视频课件、在线文档课件和自定义课件 3 种类型。每种课件的播放都支持对学习进度的跟踪,同时系统可以统计每位学员学习每个课件的情况。

视频课件:支持播放控制,学员不能将播放进度拖动到未观看的地方,但对于已学习的部分,可以随意拖动。

在线文档课件:支持 doc、docx、ppt、pptx、pdf、txt 等常用文档格式。学员可通过网络在线观看,而不用下载到本地计算机。

自定义课件:支持任意的 html 格式支持的内容,比如 flash 动画等。

13.3.2.3　学习信息统计功能

(1)网站访问量统计。管理员可以收集并统计网站访问量。

(2)课件访问量统计。统计每位用户对虚拟仿真实验模块的访问情况,同时也可以导出课件访问情况统计表。

(3)教师对学生的学习情况进行统计。教师可以跟踪、统计并打印每位学生的考试、作业的完成情况。

(4)学生个人学习状态统计。学生可以对不同仿真实验项目的学习完成情况进行统计,也可以查询自己的成绩。

13.3.2.4　题库功能

系统题库分为 2 类:理论试题和技能试题。

理论试题包括单项选择、多项选择、判断、填空和问答 5 种题型,题面或选项中支持图片、表格等信息;支持单个添加或者批量导入由 Word 编写的题库;支持按难度进行筛选;支持题目解释;支持考卷设置,即同一套试卷可适用于多个班级。

技能试题需要以动画等形式展现虚拟模拟操作;可以设定每个操作步骤的分数、考点等内容,完成教师对学生的实验操作考核。

13.3.2.5　资源分类功能

教学资源包括虚拟实验课件资源、理论题库和技能题库。每种资源都需要按照资源分类进行组织。用户可以按照教学要求,自由设置任意级别的学科分类,设置分类顺序,以及上传分类图标等。同时,学生可以分类查找学习资源,浏览题库。

13.3.2.6　班级管理功能

教师通过后台,可以进行班级的增加、班级基本信息的输入和编辑。也可以进行指定班主任、批量导入班级学生、指定学习内容、布置作业、批改作业、在线答疑、组织班级考试、统计班级学习情况等操作。还可以根据学生的作业以及网络考试来评定每位学生的学习情况,并给出综合评定成绩,且能以 Excel 形式导出评定结果。

13.3.2.7　考试功能

教师可在班级管理界面进行考试设置,如添加考试、规定考试名称、考试时间、考试时长、考试及格分数等。例如,将理论试题和技能试题添加进试卷;支持自动从题库进行组卷,也可以添加新试题;可以对每道题目设置分数。

试卷生成后,教师可以开启考试,学生需在规定时间内,在任意网络终端参加考试,并完成试卷。监考员可以随时查看有哪些考生在答卷,哪些考生已经交卷等信息;也可以实时查看考生的答卷,给在线考生发送消息,要求在线考生回答问题等。考试结束后,客观题和模拟技能试题能够自动批阅;主观题由老师批阅,同时支持匿名评阅。

13.3.2.8　成果展示功能

教师可以自制实验内容,包括交互虚拟仿真 Flash 动画、ppt 或视频等,并上传到网站。在管理后台查看成果,教师上传的资源在资源分类组织结构中,可供随时查看;在门户网站对应的组织结构中展现所上传的教学资源,可作为自己科研和教学成果展示。

13.3.2.9　学生学习笔记功能

每位学生在学习每个虚拟实验项目时,都可以根据自己的心得在虚拟仿真实验平台上直接记录学习笔记,学习笔记将长期保存在虚拟仿真实验平台服务器数据库中。而且每位虚拟实验项目的使用者均可以对项目提出建议和意见,并储存在数据库中,方便虚拟实现项目创建者完善虚拟使用项目。

13.3.2.10　学生网络考试自测功能

学生可以进行网上考试自测,即学生选择相应的自测内容,系统根据学生选择的题型、数量和难度等信息自动生成测试试卷。对于每道答错的题目,学生可以马上看到错误原因,利于加深学生对知识的理解和记忆。

13.3.2.11　实验预约管理功能

学生可以填写实验预约申请,注明所预约实验名称、实验方案、实验药品、实验动物、实验地点等基本信息,提交给具有对应权限的老师审核。预约审核通过后,教师根据实验清单提供实验材料,从而协助学生完成实验。

13.3.2.12　实验设备管理功能

在虚拟的实验设备管理仓库中可以添加仪器。管理员录入设备信息、批号、功能、日期、厂商等内容后,存入数据库,同时对设备的使用情况等进行电子化管理。在后台管理平台中,输入关键词可查询已添加的仪器设备。

13.3.2.13　在线答疑交流功能管理

学生在虚拟实验操作过程中,除了按实验操作指南进行外,也可以通过答疑平台接受老师的指导。在线答疑支持实时对话交流,故教师也可以通过答疑平台与同学进行互动交流。

13.3.2.14　论坛功能

该系统提供一个供教师和学生共同使用的论坛平台。论坛分版块进行讨论,比如生理学版块、人体解剖学版块、组织胚胎学版块、分子生物学版块、生物化学版块,而且学生可以对生活和学习上的各种困惑进行相互交流。

13.3.2.15　组织架构管理功能

系统支持组织架构的多级结构和用户自定义。系统中的所有人员、资源都以组织架构进行组织。不同组织构架所属管理员拥有不同的权限,即管理对应的平台功能。比如 VMC-100 下属不同学校分支,每个学校分支下属不同院系,每个院系下属不同实验室,每个实验室下属多种形式虚拟仿真表达。

13.3.2.16 用户管理功能

用户管理系统主要有 3 类用户:管理员、教师和学员,另外,还有论坛管理员、新闻管理员。系统支持对这 3 类用户按组织机构进行管理,即可以单个添加或批量导入用户,对用户的相应信息进行修改、维护;支持头像;支持批量导出用户信息。

13.3.2.17 权限功能

系统支持权限系统自定义功能。所有人员必须被赋予一定的角色、权限后才能执行相应的操作。角色包含若干权限,可以由用户自定义和配置。角色需要与组织机构挂钩,系统支持实现"某人在单位具有执行某操作的权限"这样的语义。

13.4 VMC-100 医学虚拟仿真实验室系统组成

VMC-100 医学虚拟仿真实验教学中心由系统管理中心和虚拟仿真内容两部分构成(如图 13-4 所示)。系统管理中心包括个人中心、课件管理、班级管理、考试管理、实验室管理、新闻管理、系统管理和论坛管理等。虚拟仿真内容包括机能实验中心、形态学实验室、病原微生物学实验室、人体解剖学虚拟仿真中心、分子生物实验中心、实验仪器中心、实验动物中心、PBL 教学中心、人体虚拟实验中心、人体实验室、GLP 虚拟实验室、科研实验视频等。

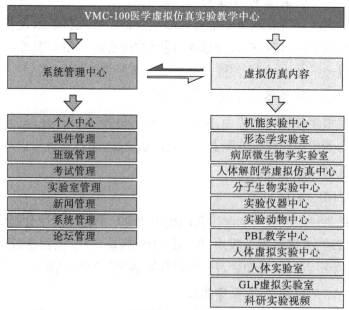

图 13-4 VMC-100 医学虚拟仿真实验教学中心组成部分

(1)机能实验中心拥有 63 个实验模块,包括生理学、药理学和病理生理学综合实验。每个实验项目包含以下内容:丰富的实验简介;实验原理介绍,专业的高清实验操作录像;合理的动物实验操作步骤进行动画模拟仿真,根据实验需求数字模拟波形变化;对实际动手能力进行仿真动画模拟考试。

(2)形态学实验室包括 2 个特色型图库,即病理学图库与组织胚胎学图库。该实验室含 4 倍、10 倍、40 倍镜下图片 195 张;病理学数字图片库含三维大体标本和显微标本共计 202 张,可分别辅助实体理论教学。同时含有多个虚拟仿真操作模块,如"阴道毛滴虫瑞氏染色""饱和盐水浮聚法"等寄生虫仿真操作,学生可模拟仿真采集标本、标本检测等实验步骤,促进辅助理论教学过程。

(3)病原微生物学实验室包括 10 个寄生虫虚拟仿真实验和 11 个微生物学虚拟仿真实验。通过模拟仿真采集标本、标本检测、寄生虫生活史等,可辅助并促进理论教学。

(4)人体解剖学虚拟仿真中心按人体系统进行分类,将优秀的图库整理成网络资源,方便学生进行查阅和学习。

(5)分子生物实验中心拥有大量的虚拟仿真教学资源,并以分子实验技术为蓝本,开发出不同的虚拟使用项目。将分子生物学实验技术的实验步骤、实验过程、仪器操作等进行高仿真的模拟,并选用第一视角完成整个实验过程,旨在让学习者如亲临现场般完成整个实验过程。学生通过学习,可了解流程相对较复杂的分子生物实验,也能了解平时很难见到的昂贵的分子生物学仪器,如流式细胞仪。同时,还将一些紧贴时事热点的实验、最新科研动态进行虚拟仿真,让更多人了解最新的科研技术,能够拓展科研思维。

(6)实验仪器中心分生理学仪器和药理学仪器两大类,展示了机能学实验中常用的仪器,共计 27 种,并对每种仪器的工作原理和操作方法以动画的形式进行介绍。学生在进入实验室之前,可进入虚拟仪器室学习该实验所需的仪器,这样既能在实验过程中尽快熟悉仪器操作,也能延长仪器的使用寿命。该中心的仪器原理部分进行了虚拟交互处理,让学生如亲临现场般使用该仪器,提高学习兴趣的同时,加深对实验现象的理解。

(7)实验动物中心分别从动物的生物学特性、生理常数以及应用方面,对大小鼠、蟾蜍、家兔、豚鼠等 10 余种实验常用动物进行介绍。生理常数列出了实验用动物的寿命、体重、血红蛋白等生理指标的正常范围;实验应用通过对实验用动物的分析确定其应用的实验范围,可以帮助学生更准确地选择实验动物,也可以为实验用药等提供参考。同时实验动物中心还搭配了 22 个交互动画,用于模拟常用生理试剂的配制,让学生模拟配制不同的生理试剂。

(8)PBL 教学中心以病例为先导,以问题为基础,以学生为主体,以教师为导向进行启发式教育,以培养学生的能力为教学目标。在实际教学中,教师布置场景和提出问题,指导学生对理论课程的学习、讨论。通过引导式教育,调动学生的主动性和积极性,在复杂的、有意义的问题情景中,通过学习者的自主探究和合作来解决问题,从而学习隐含在问题背后的医学知识,养成解决问题和自主学习的习惯。

(9)人体虚拟实验中心实际上是一种人体生理学实验系统。人体虚拟实验中心需要配备相应的实验器材和能用于人体的信号采集系统,从而系统性地采集人体相关生理信号,如心电、血压、心音和脉搏等。采集信号后,对信号进行储存,打印实验报告,分析得到的生理数据,可为临床前培训提供大量的理论经验和实践经验。

(10)人体实验室包括血型判断、人体信号、肺听诊音和心音听诊音四大模块,每个模块下有不同的实验项目,分别用图片、文字来介绍测量原理。为了能生动形象地展示如何测量这些人体数据,让学生掌握人体信号采集技能,该实验室用模拟动画来展示如何完成这些人体测试,同时附带音频,让学生能形象地检查和辨识这些人体生理数据。

(11)GLP 虚拟实验室将相关规范进行虚拟化,分别从 GLP 背景资料、实验室部门、动物房参观和虚拟实验 4 个方面进行虚拟仿真、文字和录像等介绍。构建标准化 GLP 实验室需要投入大量的人力、物力、财力,且在短时间内无法完成。通过 GLP 虚拟实验室的学习,学生可以全方面了解 GLP 的流程、规范,培训医学生规范化、标准化的实验管理、实验操作技能,确保试验结果的准确性、真实性和可靠性,促进试验质量的提高,提高登记、许可评审的科学性、正确性和公正性,更好地保护人类健康和环境安全。

(12)科研实验视频记录了实验的详细步骤,将实验材料的准备、仪器的操作使用以及实验结果观察都记录下来,同时包含详细的字幕及配音。

第 14 章　探索性动物生理学实验 设计与基本要求

开展探索性动物生理学实验能够培养学生的创新能力、独立动手能力以及撰写科技论文和技术报告的能力。进行探索性生理学实验需要科学的设计,通过设置不同的处理因素,随机分配决定处理因素的种类,可有效地控制误差,用统计学方法分析得出能够科学反映真实情况的结论。本章主要介绍探索性动物生理学实验的基本理论、实验设计的要素和原则以及撰写研究性实验论文的方法步骤。

14.1　探索性动物生理学实验的基本理论

动物生理学实验研究具有一定的程序,其基本程序大致包括立题、实验设计、实验和观察、实验结果处理和分析及研究结论。

14.1.1　立题

立题在实验设计中具有第一位的重要性,是开展科研工作的战略性决策,对研究成败和成果大小具有决定性的作用。

14.1.1.1　立题的原则

立题时应注意目的性、科学性、创新性和可行性等要素。

(1)目的性。选题应明确、具体地提出要解决的问题,必须具有明确的理论或实际意义。

(2)科学性。任何探索性实验都要有充分的科学依据,要与已证实的科学理论和科学规律相符合。在探索性实验的设计过程中,必须要保证实验原理、材料选择、实验方法和技术以及结果处理的科学性,这是研究性实验的最基本要求。

(3)创新性。选题应有创新性,即能够提出新见解、新技术、新方法和新理论,或是对原有的规律、技术或方法的修改和完善。缺乏创新性,就会失去探索性实验立题的意义。为使立题具有创新性,需要充分地查阅专业文献,及时掌握国内外发展动态,对前人或他人尚未涉足的或对以往某一个课题提出新问题、新依据和新理论;同时,结合我国实际开展探索性研究。

(4)可行性。可行性指具备实施和完成探索性实验的条件,包括主观条件和客观条件。盲目地求大、求全和求新,最终只能纸上谈兵,且无法实现。

因此,立题过程中要收集大量的文献资料和实验资料并进行分析研究,了解前人和他人对有关课题已做的工作、取得的结果和尚未解决的问题。只有在充分了解目前的研究进展和动向后,才能在进行综合分析的基础上,找出所要探索的研究课题的关键,进而建立假说及确定研究课题。

14.1.1.2　假说的建立

假说是预先假定的答案或解释,也是实验研究的预期结果。科学的假说是关于事物现象的原因、性质或规律的推测,其建立需要运用对立统一的观点进行类比、归纳及演绎等一系列逻辑推理过程。

14.1.2　实验设计

实验设计是实验研究计划和方案的制订,因此,必须根据研究目的,结合专业和统计学的要求,做出周密而具体的研究内容、方法和计划。实验设计是实验过程的依据和数据处理的前提,是提高实验研究质量的保证。

实验设计的任务:有效地控制干扰因素,保证实验数据的可靠性和准确性;节省人力、物力和时间;尽量安排多因素、多剂量、多指标的实验,以提高实验效率。

14.1.3　实验和观察

14.1.3.1　实验准备和预备实验

(1)实验准备包括实验理论准备和实验实施准备。前者主要包括实验的理论基础、假说的理论基础、实验方法和技术、参考文献等;后者指仪器设备、药物和试剂的准备以及药物剂量的选定、实验方法与指标的建立、实验对象的准备等。

(2)预备实验即对所选课题进行初步实验。预备实验可为主题和实验设计提供依据,从而为正式实验提供经验,是完善实验设计和保证研究成功必不可少的重要环节。通过实验可熟悉实验技术,确定实验动物的种类和数量,改进实验方法和观察指标,调整处理因素的强度和确定用药剂量等。

14.1.3.2　实验及其结果的观察记录

(1)按照预备实验确定的步骤进行实验。

(2)熟练掌握实验方法,用量准确,认真操作。

(3)经分析属于错误操作或不合理的结果应重做实验。

(4)仔细、耐心地观察实验过程中出现的结果:发生的现象、发生现象的时间和转归以及发生这些现象的机制及其意义。有无出现非预期结果,在排除了错误的、不合理的结果后,应对其进行分析,是否有新的发现和得出新的理论。

要重视原始记录,并预先拟定原始记录方式和内容。记录方式有文字、数字、图形、照片、表格和录像等。原始记录应及时、完整、准确和整洁。严禁撕页或涂改,不能用整理后的记录代替原始记录,要保持记录的原始性和真实性。

(5)通常实验记录的项目和内容有:a. 实验名称、实验日期和实验者。b. 受试对象:动物种类、品系、性别、体重、健康状况、饲料及离体器官名称等。c. 实验药物或试剂:名称、来源、剂型、批号、规格、含量或浓度以及给药的剂量、时间及疗程等。d. 实验仪器:主要仪器名称、生产厂家、型号、规格等。e. 实验条件:实验时的室温、饲养环境等。f. 实验方法和步骤:动物固定、麻醉、分组、手术方法、施加的刺激强度、给药方法、测定方法等。g. 实验指标:指标的单位、数值及不同时间的变化等。h. 数据处理:对实验结果进行整理和统计分析。

14.1.4 实验结果处理和分析

首先,整理原始数据或资料,计算各组数据的均值和标准差等,并制成一定的统计表或统计图。其次,做统计学显著性检验等。

在分析和判断实验结果时,决不能有研究者的偏见而对数据任意取舍。必须实事求是,不能强求实验结果服从自己的假说,而应该根据实验结果去修正提出的假说,使假说上升为理论。

14.1.5 研究结论

科学研究经过实验设计、实验和观察、数据处理后,就可作出研究总结、得出结论及写出论文。研究结论要回答原先建立的假说是否正确,从而对所提出的问题作出解答。研究结论是从实验结果中概括或归纳出来的,要严谨、精练和准确。

14.2 实验设计三大要素

科研立题后,题目通常可反映研究内容的三个要素:处理因素、受试对象和实验效应,如:

电刺激	对	大白鼠	体感Ⅱ区痛单位活动的影响
黄连水煎剂	对	家兔	离体小肠运动性能的影响
缩宫素	对	小白鼠	子宫平滑肌活动的影响
乙醇	对	家兔	血流动力学的影响
氨氯地平	对	71 例高血压病人	左心室舒张功能的影响
(处理因素)		(受试对象)	(实验效应)

14.2.1 处理因素

处理因素是根据实验的需要,人为地给实验对象施加某种外部干预。处理因素可以是物理因素,如电刺激、温度、外伤、手术等;可以是化学因素,如药物、毒物、缺氧等;也可以是生物因素,如细菌、真菌、病毒等。在确定处理因素时应该注意以下几点:

(1)抓住实验的主要因素。实验的主要因素按所提出的假设、目的和可能性确定单因素或多因素。一次实验的处理因素不宜过多,否则会导致分组过多,使受试对象增多,实验时难以控制。而处理因素过少又难以提高实验的广度、深度和效率。

(2)确定处理因素的强度。处理因素的强度是因素的量的大小,如电刺激强度、药物剂量等。处理的强度应适当,有时同一因素可以设置几个不同的强度,如一种药可设置几个剂量(处理因素的水平也不要过多)。

(3)处理因素的标准化。处理因素在整个实验过程中应保持不变,否则会影响实验结果的评价。例如,电刺激的强度(电压、持续时间、频率等)、药物的质量(纯度、生产厂家、批号、配制方法等)应一致。

(4)重视非处理因素的控制。非处理因素(干扰因素)可能会影响实验结果,应加以控制,如离体实验时的恒温及病人的病种、病情、病程、年龄、性别等。

14.2.2　受试对象

14.2.2.1　实验动物

随着科学技术的发展,无损伤技术、遥控技术和微量技术等现代化检测技术使某些实验直接在人体上进行的可能性越来越大,但基于人道和安全等原因,往往用动物作为实验对象。

(1)在选择动物复制人类疾病模型时的注意事项。a. 根据实验的要求,动物的生物学特征要接近人类而又经济易得。b. 动物的种属及其生理生化特点适合于复制稳定可靠的疾病模型,如家兔适于做发热模型,而不适于做休克模型;犬不宜做发热模型,而适于做休克模型。c. 动物的品系和等级符合研究要求,一般以纯系动物为宜。d. 动物的健康和营养状况良好。e. 动物的年龄、体重、性别等尽可能一致,以减少个体差异。与性别有关的实验只能用某种性别的动物。对性别要求不高的实验,可雌雄混用,但分组时应注意雌雄搭配适当。

(2)动物特征。实验动物是供研究用的、有明确生物学特征、遗传和微生物背景清楚的实验用动物。a. 根据微生物背景,可分为Ⅰ级动物(普通动物)、Ⅱ级动物(清洁动物)、Ⅲ级动物(无特定病原体动物,简称 SPF 动物)和Ⅳ级动物(无菌动物)。b. 根据遗传背景,可分为有近交系动物(纯种动物)、突变系动物、杂交群动物和封闭群动物。c. 饲料控制,包括营养素要求、合理加工和无发霉变质等。d. 设备标准化,如饲养环境的温度、湿度、空气清洁度和噪音控制等。

(3)实验动物的选择。a. 小白鼠,繁殖力强、价廉、易于饲养,可广泛用于需要大量动物的实验,如药物筛选实验,急性毒性实验,镇痛、抗感染、抗肿瘤、避孕实验以及生物制品和遗传性疾病研究等。b. 大白鼠,在医学研究中的用量仅次于小白鼠,如心血管系统实验、关节炎实验、长期毒性实验、致畸实验以及免疫学、内分泌学、神经生理学、肿瘤学研究等。c. 蛙,用于神经系统和心血管系统实验等。d. 豚鼠,用于过敏、抗感染实验等。e. 兔,用于心脏实验、离体耳实验、发热实验、生殖生理研究等。f. 猫,用于神经系统实验、呕吐实验等。g. 猪,用于烧伤实验、肿瘤实验、心血管系统实验、泌尿性实验等。h. 犬,用于神经系统、心血管系统、消化系统和毒性实验及外科实验等。i. 灵长类,具有许多与人类相似的生物学特征,科研上应用广泛的是猿猴属的猴,可用于避孕实验以及药物依赖性、传染病、心血管疾病研究等。

同一药物对不同动物的同一器官系统的效应可以不同,如吗啡对人、猴、犬、兔的中枢神经系统产生抑制效应,而对虎、猫、小白鼠的中枢神经系统则产生兴奋。

14.2.2.2　人

人包括病人和健康受试者。对于病人,应选择诊断明确者。受试者应依从性好(如能按时用药),能真实客观地反映主观感受(如治疗后症状的改变),尽量减少退出实验研究的可能性。

14.2.3　实验效应

实验效应主要指实验指标,也与实验方法有关。

14.2.3.1　实验方法

按性质可将实验方法分为机能学方法、形态学方法等;按学科可以分为生理学方法、生物化学方法、毒理学和免疫学方法等;按范围可分为整体综合方法(应用清醒动物、麻醉动物、病理模型动物的方法)和局部分析法;按水平可分为整体实验、器官实验、细胞实验、亚细胞实验、分子实验等;按时间可分为急性实验和慢性实验,前者又分为在体实验和离体实验。

14.2.3.2　实验指标

实验指标(检测指标)是指在实验中用于反映研究对象中某些可被检测仪或研究者感知的特征或现象。选择实验指标的基本条件如下:

(1)特异性。实验指标应能特异性地反映某一特定的现象,而不至于与其他现象混淆。例如,研究高血压病应用动脉压作为指标,研究呼吸衰竭可用血液中的血氧分压和二氧化碳分压作为指标。特异性低的指标容易造成"假阳性"。

(2)客观性。应避免受主观因素干扰而造成误差,尽可能选用具体数字或图形表示的客观指标,如心电图、脑电图、血压、心率、血液生化指标等。而用疼痛、饥饿、疲倦、全身不适、咳嗽等症状和研究者目测,则效果较差。

(3)灵敏度。灵敏度高的指标能使微小效应显示出来。灵敏度低的指标可使本应出现的变化不出现,而造成"假阴性"。

(4)精确度。精确度包括精密度和准确度。精密度指重复观察时观察值与其均值的接近程度,其差值属于随机误差。准确度指观察值与其真实值的接近程度,主要受系统误差的影响。实验指标既要求精密,又要求准确。

(5)可行性。可行性指研究者的技术水平和实验室的设备能够完成本实验指标测定。

(6)认可性。认可性指现成指标必须有文献依据,自己创立的指标必须经过专门的实验鉴定,方被认可。

实验资料可以分为计量资料(量反应,graded response)和计数资料(质反应,all-or-none response)。有连续量变的资料称为计量资料(measurement data),如血压、尿量、检验值、收缩力、身高、体重、体温等。计量实验的效率较高,实验要求的例数较少,其描述统计主要为平均数和标准差,可用 t 检验或 F 检验。

只有出现与否(全或无,阳性或阴性)的资料称为计数资料(enumeration data),如有效或无效、死与活等,其实验效率较低,要求的例数较多。其统计描述主要为率,统计检验主要为 X^2 检验。另一类是等级资料,如病理改变的程度分为"一""＋""＋＋""＋＋＋""＋＋＋＋"("一"为正常,"＋＋＋＋"为病变最严重);也有人把药物的疗效分为"一"(无效)、"＋"(显效)、"＋＋"(近控)、"＋＋＋"(治愈),等级资料一般可归入计数资料。计数资料的"数"也是一种量的表达,计数资料并不意味着定性研究的资料。

14.3　实验设计三大原则

实验设计三大原则是指对照原则、随机原则和重复原则。这些原则是为了避免和减少实验误差及取得可靠结论所必须和始终遵循的。

14.3.1　对照原则

对照原则是实验设计基本中的首要原则。要比较就要有对照(control),以确定处理因素对实验指标的影响,若无对照,则不能说明问题。实验分组有处理组和对照组。对照原则要求处理组除处理因素以外的其他可能影响实验的因素应力求一致。有自然痊愈倾向的疾病在研究时尤应需要对照,心理因素影响药物疗效时也必须有对照。对照形式有:

(1)空白对照。空白对照不对受试对象做任何处理。严格来说,这种对照组与处理组缺乏"齐同"。当处理因素是给药时,除用药外,存在给药操作如注射的差异,因此,这种对照通常很少使用。

(2)假处理对照。经过同样的麻醉、注射,甚至进行假手术,但不用药或不进行关键的处理。假处理所用液体的 pH、渗透压、溶媒等均与处理组相同,因而可比性好。在做药物实验时,常将动物做成一定的病理模型,然后才能用药,而不用药的作模型组,这对于评价药物的作用是必需的。

(3)安慰剂对照。安慰剂是一种在形状、颜色、气味等方面均与药物相同而不含主药的制剂。安慰剂通过心理因素对病人产生"药效",对某些疾病如头痛、神经官能症等可产生 30%～50% 的疗效。安慰剂也可产生"不良反应",如嗜睡、乏力、头晕等。在新药研究中,应尽量采用双盲法:病人及医务人员均不能分辨治疗药品和对照品(安慰剂),以确定其真实疗效。安慰剂在新药临床研究双盲对照中极为重要,可用于排除假阳性疗效或假阳性不良反应。研究者应掌握用药组和安慰剂对照组的病人情况,必要时采用适当措施,以保证病人的安全。

(4)历史对照。用以往的研究结果或文献资料作为对照。在癌症、狂犬病等难治性疾病的疗效研究中可采用此法。如某病的以往治愈率为 0,现用新药有 2 例治愈,则可认为是一种好药。但一般疾病不应使用此法,因为不同时代的医疗水平和病情等不同,干扰因素又不易控制。

(5)自身对照。对照与处理在同一受试对象中进行,如以给药前的血压值为对照。这种对照简单易行,但它不是随机分配的,如实验前后某些因素发生改变并且会影响结果,这就难以得到正确的结论。故在实验中常仍需单独设立对照组,通常分别比较处理组和对照组前后效应的差异。

(6)标准对照。用现有的标准方法或典型同类的药物作对照,其目的是比较标准方法或典型药物与现用方法(或现用药物)。

(7)相对对照。相对对照指各处理因素组互为对照,如几种药物治疗某种疾病时,可观察几种药物的疗效,各给药组间互为对照。

以上(1)～(5)属于阴性对照,(6)属于阳性对照。并非每项实验均需上述所有对照,应视具体情况而定。

14.3.2　随机原则

随机(randomization)是使每个实验对象在接受分组处理时均具有相等的机会,以减少误差,从而使各种因素对各组的影响一致(均衡性好),通过随机化可减少分组导致的人为误差。

通常在随机分组前对可能明显影响实验的一些因素,如性别、病情等,先加以控制,这就是分层随机(均衡随机)。例如,将 30 只动物(雌雄各半)分为 3 组,可先把动物分为雌性 15 只、雄性 15 只,再将它们各随机分为 3 组,这样比把 30 只动物不管性别随机分为 3 组好。又如把 42 例病人分为 3 组,可先将 42 例病人分为女病情轻 9 例、女病情重 9 例、男病情轻 12 例、男病情重 12 例,再将他们随机分为 3 组。

14.3.3 重复原则

重复(replication)是指可靠的实验应能在相同条件下重复出来(即重现性好),这就要求实验要有一定的例数(重复数,如表 14-1 所示)。因此,重复的含义包括重现性与重复数。

表 14-1 不同动物所需的实验例数

动物	计量资料	计数资料
小动物(小白鼠、大白鼠、蛙)	≤10	≥30
中等动物(豚鼠、兔)	≥6	≥20
大动物(猫、猴、犬)	≥5	≥10

注:药物分为 3~5 个剂量组时例数可少些。

重现性可用统计学中显著性检验的值来衡量,即:

$P \leq 0.05$:差异在统计学上有显著的意义,不可重现的概率小于或等于 5%,重现性好。$P \leq 0.01$:差异在统计学上有非常显著的意义,不可重现的概率小于或等于 1%,重现性非常好。

重复数(实验例数)应适当,不可过少,也不可过多,且例数多才有显著意义的实验比例数少就有显著意义的实验的重现性差。实验例数与许多因素有关,一般而言,以下情况需要的例数较少:生物个体差异较小、处理因素强度较大、实验技术(仪器等)较先进、计量资料和组间例数相同、高效实验设计(如拉丁方设计、正交设计)、大动物等。反之,则需要较多的例数。

14.4 研究性实验论文的撰写

撰写论文要遵循科学性、创新性、条理性和规范化的基本原则。科学性指论文资料翔实;创新性指有新发现、新理论、新观点、新方法或新技术;条理性则是用客观的论据和符合逻辑的推理来论证和阐述问题;规范化不仅指论文格式的规范化,还包括术语、计量单位的规范化。

14.4.1 研究性实验论文的结构

研究性实验论文的基本结构包括论文题目、署名、摘要、关键词、前言、材料与方法、结果与分析、讨论、结论、致谢和参考文献。

（1）论文题目。论文题目要具有高度概括性，能反映论文内容的中心思想，言简意赅，一目了然。为便于检索和编目，字数一般在 20 字以内为宜。应避免使用化学分子式及非通用的字符、代号和缩略词语，标题中数字宜采用阿拉伯数字，作为名词和形容词的数字应使用汉字。副标题仅作为补充说明使用，一般应尽量不用。

（2）作者署名、单位及地址和邮政编码。作者是在论文完成过程中，参与了论文内容的设计、研究工作的实施及论文撰写的人员。署名顺序按照对论文贡献的大小排序，需用真实姓名。署名后应注明作者的单位全称、地址和邮政编码。

（3）摘要。摘要是论文的缩影，是论文正文内容的高度浓缩。一般论文摘要内容的字数保持在 200 字左右，不宜超过 500 字，能独立成文，可供检索及文献转载等。研究性论文的摘要大多采用结构式摘要，即包括目的、方法、结果和结论 4 个要素。摘要中应避免引用正文中列出的公式、图表和参考文献。

（4）关键词。关键词是为了文献标引工作，从论文中选取出来的用于表示全文主题内容信息款目的单词或术语。一篇论文一般选列 3～5 个关键词。

（5）前言。前言或引言是论文的开场白，应简明扼要地介绍与论文正文内容相关的研究背景、研究现状、发展动态、存在的问题等，以及所写论文的研究目的、研究依据、研究范围和研究方案。前言部分约占全文的 10%，一般包含 200～300 个字。

（6）材料与方法。简明扼要地列出实验中所用的材料，包括实验动物、仪器、用品、药品试剂等。实验动物应标明品种、性别和体重等，药物应标明厂家、批号等，试剂应标明纯度，仪器应标明厂家。方法包括：实验设计、动物分组、动物饲养条件的控制、日粮组成、实验环境条件的控制，药物试剂的配制、样品采集制备，测定指标的检测技术、试验数据的收集整理、数据的描述方法以及统计学分析方法。

（7）结果与分析。结果是论文的核心部分，是将实验所得的原始资料或数据经过分析、归纳和进行正确统计学处理后得出来的结果，而不是对原始数据的罗列。实验结果应是实验内容的观察记录资料，包括实验现象的描述、测定的数据、导出的公式、获取的图像等。实验结果决定了论文的质量和价值，其表达方式有表、图及文字描述，尤其是图、表形式更能简洁明了地表达实验结果的内容。

（8）讨论。讨论是根据实验结果从理论上进行比较、阐述、推论得出来的，要求事实充分、综合分析、观点明确，切忌对数据重复表述，对文献简单堆砌。在讨论中，应该围绕实验结果用科学的理论阐述自己的观点，而不能用未经实践证明的假说作为已被证实的科学理论，讨论的逻辑性要强，层次清楚；当存在不同看法时，应辨证地分析，提出自己的独特见解，不回避存在的问题和相反的意见，可提出今后的研究方向和建议。也可提出问题，以供他人思考和研究；可以将自己的研究结果与他人的资料进行比较，说明异同的原因，指出研究结果的理论意义以及对实践的指导作用和应用价值。

讨论中需重点说明该项研究的创新性和先进性。写作方面，问题要论证充分，如讨论的问题较多，可按内容进行分解，列出小标题，每段围绕一个论点加以论证。

（9）结论。结论是对实验研究的最后总结，对研究简明扼要的概括。根据实验结果，经过严密的逻辑思维，反映实验现象的本质规律，提出具有创造性、指导性的观点，突出其创新性的认识和发现。用词需简洁、准确、严谨，字数一般控制在 200 字以内，不用表和图表示。

（10）致谢。对于曾在实验中给予指导和帮助以及提出建议、参与论文的讨论、绘制图表、提供试验材料及相关仪器设备、试验场地等有关的单位和个人，在征得其同意后，均可在致谢中表达谢意。

（11）参考文献。在论文后面需列出论文作者阅读引用参考资料的文献目录，这是与研究性实验内容紧密相关的重要科学依据，是对原文作者研究成果的尊重，以便于读者对信息源的检索和论证。引用参考文献时，应尽可能选择近年来正式发表的文献和著作。此外，根据不同的要求，在参考文献的录入格式方面也有一定的要求和规范。

（12）英文标注。为了方便国际间的学术交流，在中文杂志上发表的论文通常需在标题、署名、摘要、关键词以及表、图的中文后面标注英文。

14.4.2　研究性实验论文的图表规范

（1）论文中表的应用。论文中常用统计表、非统计表及叙述表以表达较复杂繁多的数据及相关联系资料，多用三线表表示，表内不用纵横线、端线和斜线。数据表的标题应简短明了，一般在 15 字以内，其句末不用标点符号。表栏目应设计合理，表中数据采用阿拉伯数字，上下行数字位数对齐，有效位数一致。有关文字说明可附在表的下面；原则上能用文字清楚表达的内容则不用表。论文中表的应用要少而精。

（2）论文中图的应用。图是一种较好的形象化的表示方法，尤其更适于动态性的描述。目前，多采用计算机作图，如 Excel、Sigma Plot、Prism 等，应合理处理坐标刻度、图例、图标线条类型粗细以及必要的文字说明；也可用黑色碳素墨水在硫酸绘图纸上绘制简单图。论文中常用的图的类型有线条图、柱形图、面积图、照片等。

（3）论文中计量单位的应用。论文中应使用法定计量单位，按照国家标准《量和单位》（GB 3100～3102－1993）中有关量、单位和符号的规定及其书写规则使用。

附　录

附录1　常用生理溶液的成分与配制

在离体器官实验中，为维持其正常的生命活动，必须提供适宜的环境。在体外模仿体液成分代替其功能的溶液即生理溶液，又称代体液。生理溶液一般应具备以下条件：渗透压与血浆、组织液相同；有维持组织器官正常机能所必需的比例适宜的各种离子；酸碱度与血浆相同并具有缓冲能力；营养物质、氧及温度与组织液相同或相近。动物种类不同，相应的生理溶液也会有区别。常用生理溶液的成分见表1。

表1　常用生理溶液的成分　　　　　　　　　　　　　　　　单位：g

成分	林格溶液			洛克溶液	蒂罗德溶液（用于哺乳类胃肠）	两栖类用生理盐水	哺乳类用生理盐水
	鲤鱼用	两栖类用	禽类用				
$NaCl$	7.526	6.5	6.8	9.0	8.0	6.5	9.0
KCl	0.417	0.14	1.73	0.42	0.2	—	—
$CaCl_2$	0.322	0.12	0.64	0.24	0.2	—	—
$NaHCO_3$	—	0.20	2.45	0.20	—	—	—
NaH_2PO_4	0.122(KH_2PO_4)	0.01	—	—	0.05	—	—
$MgCl_2$	0.095	0	0.25($MgSO_4$)	—	0.1	—	—
葡萄糖	2.91	2.0/—	—	1.00~2.00	1.0	—	—
蒸馏水	均加至1000 mL						

注：林格（Ringer）溶液又译为任氏液，洛克（Locke）溶液又译为乐氏液，蒂罗德（Tyrode）溶液又译为台氏液。$CaCl_2$和$MgCl_2$不能先加，必须在其他基础溶液混合并加蒸馏水稀释之后，方可边搅拌边滴加，否则溶液将产生沉淀。葡萄糖应在使用时加入，加入葡萄糖的溶液不能久置。

通常在配制附表1常用生理溶液时，可预先配好各种物质的储存溶液，配制方法见表2。生理溶液最好能现配现用或在低温中保存，配制生理溶液的蒸馏水最好能预先充空气。几种生理溶液的用途如下：

①生理盐水：即与血清等渗的氯化钠溶液，变温动物采用0.6%~0.65%生理盐水，恒温动物采用0.85%~0.9%生理盐水。

②任氏液：用于青蛙及其他变温动物。

③乐氏液：用于哺乳动物的心脏、子宫及其他离体脏器。用作灌流时，在使用前需通入氧气泡15 min。低钙乐氏液（含无水氯化钙0.05 g）用于离体小肠及豚鼠的离体器官灌注。

④台氏液：用于恒温动物的离体小肠。

表2　配制生理溶液所需的基础液及所加量　　　　　单位：mL

成分	林格溶液		洛克溶液	蒂罗德溶液
	两栖类	禽类		
20% NaCl	32.5	34.0	40.5	40.0
10% KCl	1.4	17.3	4.2	2.0
10% CaCl$_2$	1.2	6.4	2.4	20.0
5% NaHCO$_3$	4.0	49.0	2.0	20.0
1% NaH$_2$PO$_4$	1.0	—	—	5.0
5% MgCl$_2$	—	0.25(MgSO$_4$)	—	2.0
葡萄糖(g)	2.0		1.0～2.0	1.0
蒸馏水	均加至1000			

附录2　常用抗凝剂的浓度与配制

在实验中常需对动物全身抗凝，有的采出的全血或血浆也需加入适当的抗凝剂。对抗凝剂的要求是：用量少、溶解度大、不带进干扰实验的杂质。

(1)肝素。

①肝素抗凝作用原理。肝素的抗凝作用很强，做死亡复苏等实验时，常用作动物全身抗凝剂。肝素的抗凝作用主要是抑制凝血酶的活力，阻止血小板凝聚以及抑制抗凝血酶等，从而使血液不发生凝固。

②配制和用量。10 mg 纯肝素钠能抗凝 62.5～125 mL 血液(按 1 mg 等于 125 U，10～20 U 能抗 1 mL 血液计)。但由于肝素制剂的纯度高低以及其保存时间长短不等，因而抗凝效果也不相同。一般可配成 1% 肝素生理盐溶液，用时取 0.1 mL 于试管内，100 ℃烘干，每管能抗凝 5～10 mL 血液。也可将抽血注射器用配好的肝素湿润一下管壁，直接抽血至注射器内而使血液不凝。在动物实验做全身抗凝时，一般剂量为：大鼠每 200～300 g 体重用 2.5～3.0 mg，兔每千克体重用10 mg，犬每千克体重用 5～10 mg。肝素可改变蛋白质等电点，因此，当用盐析法分离蛋白质做蛋白质各部分的测定时，不可采用肝素。市售的肝素溶液每毫升含肝素 12500 U，相当于 100 mg。

(2)草酸盐合剂。

①原理。草酸铵能使血细胞略为膨大，而草酸钾能使血细胞稍微缩小，因此，草酸铵与草酸钾按 3∶2 比例配制，可使血细胞体积保持不变；加福尔马林则能防止微生物在血中繁殖。此抗凝剂最适合用于红细胞比积测定。

②配制方法及用量。草酸铵 1.2 g、草酸钾 0.8 g、福尔马林 1.0 mL、蒸馏水加至 100 mL。每毫升血加草酸盐合剂 0.1 mL(即相当草酸铵 1.2 mg、草酸钾 0.8 mg)。根据取血量,将计算好的草酸盐剂量加入玻璃容器内烤干备用。如取 0.5 mL 于试管,烘干后每管可使 5 mL 血液不凝固。

③注意事项。草酸根离子的作用在于能够沉淀血凝过程中所必需的钙离子,从而达到抗凝目的。用时注意加的量应适中,不能过多,以免妨碍去蛋白质血滤液的制取。该抗凝剂不适用于血液内钙或钾的测定,也不能用于血液非蛋白氮的测定。

(3)枸缘酸钠。枸缘酸钠也称柠檬酸钠,常配成 3%～5%水溶液。也可直接加粉剂,每毫升血加 3～5 mg,即可达到抗凝目的。枸缘酸钠可与钙离子形成可溶性络合物,用于防止凝血。但其抗凝作用较差,碱性较强,不宜用于化学检验,仅用于红细胞沉降速度的测定。急性血压测定实验所用枸缘酸钠为 5%～6%水溶液。

(4)草酸钾。

①原理和注意事项。草酸钾为最常用的抗凝剂。其与血液混合后可迅速与血液中的钙离子结合,形成不溶解的草酸钙,而使血液不凝固。草酸钾常用于非蛋白氮的测定,但不适用于测定钾和钙。因草酸盐能抑制乳酸脱氢酶、酸性磷酸酶和淀粉酶的活性,故应注意。

②配制及使用方法。取草酸钾 10 g,加少许蒸馏水使之溶解,再加蒸馏水至 100 mL,配制成 10%水溶液。如每管加 0.1 mL 草酸钾,则可使 5～10 mL 血液不凝。如做微量检验,则用血量较少,可配制成 2%溶液,而每管加 0.1 mL 草酸钾,可使 1～2 mL 血液不凝。

(5)乙二胺四乙酸二钠盐(EDTA)。EDTA 对血液中钙离子有很大的亲和力,能与钙离子络合而使血液抗凝。每 0.8 mg EDTA 可抗凝 1 mL 血液,EDTA 除不能用于血浆中钙、钠及含氮物质的测定外,适用于多种抗凝。

附录 3　常用消毒剂的配制及用途

(1)35%～40%甲醛水溶液($HCHO$)又名福尔马林,可使蛋白质变性,用于培养室、无菌室的消毒。

(2)0.1%升汞($HgCl_2$)能使蛋白质变性,从而抑制酶类。配制方法:称取升汞 0.1 g,用少许酒精溶解,再加水至 100 mL 即可。0.1%升汞用于无菌箱、培养箱、培养皿四周表面以及手指的消毒。

(3)5%浓度的石炭酸(C_6H_5OH)喷雾,能使蛋白质变性沉淀。配制方法:取石炭酸(苯酚)50 mL,加水 950 mL 配成。石炭酸用于工作服、实验桌的消毒,效果同升汞。

(4)高锰酸钾($KMnO_4$)是氧化剂,0.1%浓度的高锰酸钾能使蛋白质和氨基酸氧化,失去酶的活性。高锰酸钾用于消毒,能抑制或杀死杂菌。

(5)乙醇(CH_3CH_3OH)又称酒精。消毒时用75%浓度的乙醇效果最好,它能使蛋白质脱水变性。高浓度酒精会使蛋白质很快脱水凝固,消毒作用反而减弱。

(6)0.25%新洁尔灭(苯扎溴铵)用于无菌箱、无菌室的消毒。一般新洁尔灭用5%原液50 mL加水950 mL配成。

(7)漂白粉溶液的主要成分是次氯酸钙$[Ca(ClO)_2]$。取漂白粉10 g,加水140 mL配成。通常在使用前临时配制,静置1~2 h,取上清液喷洒,进行室内地面消毒,每平方米用100~500 mL漂白粉溶液。

(8)煤酚皂、硼酸皂等各种药皂的水溶液,均可用于器具、橡皮塞及手指的消毒。

(9)用硫酸铜2 g,加水至100 mL,加热溶解配成2%硫酸铜($CuSO_4$)溶液。该溶液用于床架、木架等各种菌种架的消毒,还可用5%硫酸铜溶液消毒。

(10)先用硫酸铜500 g,溶于50 L水,再用石灰500 g,加水50 L,然后等量混合即成0.5%波尔多液。0.5%波尔多液用于菌种架、段木的消毒。

(11)多菌灵用于杀灭真菌、半知菌,用1∶800倍拌料或1∶500倍喷洒均可。

附录4 实验动物日消耗饲料量、日需饮水量和日排尿量

表3 实验动物日消耗饲料量、日需饮水量和日排尿量

动物种	日消耗饲料量(g)	日需饮水量(mL)	日排尿量(mL)
小鼠	3~6	3~7	1~3
大鼠	10~20	20~45	10~15
豚鼠	20~35	12~15(每100 g体重)	15~75
家兔	75~100	80~100(每千克体重)	50~90(每千克体重)
地鼠	7~15	8~12	6~12
沙鼠	10~15	3~4	0.1~0.5
猪	1500~3000	4500~6500	2500~4500
犬	250~1200	25~35(每千克体重)	65~400
猫	110~225	100~200	50~120
猕猴	350~550	350~950	150~550
绵羊	1000~2000	600~1800	400~1200
山羊	1000~4000	1500~4000	1000~2000
牛	7500~12500	45000~65000	14000~23000
马	8000~16000	25000~55000	3000~15000

注:以上动物均为成年动物。

附录5　常用麻醉剂的用法与参考剂量

表4　常用麻醉剂的用法及参考剂量

| 麻醉药名 | 给药途径 | 参考剂量(mg/kg) | | | | | | 常用浓度 | 维持时间 | 备注 |
		犬	猫	兔	鼠	猪	羊			
乙醚	吸入	适量						较短		
戊巴比妥钠	静脉	30			20～30			2%～4%	2～4 h	b
	腹腔	40～50		45	20	20		2%～4%		
硫喷妥钠	静脉	20～30		25～50	50～100	15	20～25	2.5%	0.5～1 h	c
	腹腔	20～30		25～50	50～100	—	—			
氨基甲酸乙酯	静脉	750～1000			—	—	—	25%	2～4 h	
	腹腔	750～1000			1000～1250	—	—			
水合氯醛	静脉	80～100	50～75	—	150～170	80～120		5%～7%	1.5～3 h	
	腹腔	100～150	—	400		—				
氯醛糖	静脉	60～80	—	60～80	—	—	—	1%	3～4 h	
	腹腔	—	60～80	—	80～100	—	—			
普鲁卡因	传导麻醉							2%～3%		
	浸润麻醉							0.25%～0.5%		
酒精生理盐水合剂	静脉	—	—	7～8 mL/kg	—	—	7～8 mL/kg	40%	2～4 h	

注:a.表中所列均为参考剂量,注射时应先快后慢,最终剂量视动物的机能状态而定。b.当猪的体重大于100 kg时,剂量宜低于每千克体重20 mg。c.大动物用5%～10%。

附录6 BL-420F 生物信号采集与分析系统实验模块

表5 BL-420F 生物机能实验系统实验模块一览表

序号	实验模块名称	通道信号类型				备注
		1 通道	2 通道	3 通道	4 通道	
1. 肌肉神经实验						
1-1	刺激强度与反应的关系	张力				程控
1-2	刺激频率与反应的关系	张力				程控
1-3	神经干动作电位的引导	动作电位				
1-4	神经干兴奋传导速度的测定	动作电位	动作电位			
1-5	神经干兴奋不应期的测定	动作电位				
1-6	肌肉兴奋-收缩时相关系	动作电位	张力			
1-7	痛觉实验	张力				程控
1-8	阈强度与动作电位的关系	动作电位				程控
1-9	细胞放电	细胞放电				
1-10	心肌不应期的测定	动作电位	左室内压	心电	心电	程控
1-11	神经纤维分类	动作电位				
2. 循环实验						
2-1	蛙心灌流	张力				
2-2	期前收缩-代偿间歇	张力				可程控
2-3	全导联心电	心电	心电	心电	心电	合成信号
2-4	心肌细胞动作电位	动作电位				
2-5	心肌细胞动作电位与心电图	动作电位	心电			连续示波方式
2-6	兔减压神经放电	神经放电	血压			
2-7	兔动脉血压调节	血压				
2-8	左心室内压与动脉血压	左室内压	血压	微分		
2-9	血流动力学模块	心电	左室内压	血压	微分	
2-10	急性心肌梗死及药物治疗	心电	血压	微分		
2-11	阻抗测定	心音	血压	阻抗	微分	
3. 呼吸实验						
3-1	膈神经放电	神经放电	张力			
3-2	呼吸运动调节	张力				
3-3	呼吸相关参数的采集与处理	神经放电	神经放电			
3-4	肺通气功能测定	呼吸				

序号	实验模块名称	通道信号类型				备注
		1 通道	2 通道	3 通道	4 通道	
4. 消化实验						
4-1	消化道平滑肌电活动	胃电				
4-2	消化道平滑肌的生理特性	张力				
4-3	消化道平滑肌活动	胃电	胃电	压力		
4-4	苯海拉明的拮抗参数的测定	张力				
5. 感觉器官实验						
5-1	肌梭放电	神经放电				
5-2	耳蜗生物电活动	神经放电				
5-3	视觉诱发电位	动作电位				
5-4	脑干听觉诱发电位	动作电位				
6. 中枢神经实验						
6-1	大脑皮层诱发电位	动作电位				
6-2	中枢神经元单位放电	神经放电				
6-3	脑电图	脑电				
6-4	诱发电位	动作电位				连续显示方式
6-5	脑电睡眠分析	呼吸	肌电	肌电	脑电	
7. 泌尿实验						
7-1	影响尿生成的因素	血压	记滴趋势图			
8. 其他实验						
8-1	无创血压测量	血压	脉搏	脉搏	脉搏	4 通道系统

附录 7　虚拟仿真实验的主要内容

虚拟仿真实验主要介绍动物生理学、药理学及实验操作的相关实验内容,详见表 6。

表 6　虚拟仿真实验有关生理及药理等机能学实验的主要内容

虚拟仿真内容	实验类别	实验内容	
机能实验中心	心血管系统	离体心肌细胞内动作电位的记录和收缩力同步记录	
		离体蛙心灌流	
		期前收缩与代偿间歇	
		家兔血压的调节	
		蛙心起搏及起源分析	
		家兔急性失血性休克及救治	
		强心苷对在体蛙心的影响	
		强心苷对离体蛙心的影响	
		药物对双香豆素抗凝作用的影响	
		药物对离体蛙心的影响	
		抗心律失常药物的作用	
		普莱诺尔的抗缺氧作用	
		去甲肾上腺素的缩血管作用	
		急性心力衰竭	
		心律失常	
		家兔高钾血症及抢救	
		蛙心细胞动作电位的记录	
		影响血液凝固的因素	
		犬失血性休克的治疗策略探讨	
		微血管张力检测	
		神经、体液因素对家兔心血管活动的影响	
		急性右心衰竭模型的复制及抢救	
		心输出量的影响因素分析	
		家兔呼吸运动的调节	
	呼吸系统	胸内负压的观察	
		氨茶碱和异丙肾上腺素的平喘作用	
		尼可刹米对呼吸抑制的影响	
		吗啡对呼吸的抑制和解救	
		急性缺氧	
		家兔肺水肿	
		呼吸运动调节及药物的影响	
		神经、体液因素对家兔呼吸运动的影响	
	神经和骨骼肌	刺激强度与肌肉收缩反应的关系	
		刺激频率与肌肉收缩反应的关系	
		神经干动作电位引导	
		反射弧分析	
		减压神经放电	
		大脑皮层诱发电位	
		神经兴奋传导速度的测定	
		神经干兴奋不应期的测定	
		膈神经放电的记录	
		静息电位的测量及其影响因素	
		动作电位的测量及其影响因素	
		刺激强度、频率与骨骼肌收缩的关系	

虚拟仿真内容	实验类别	实验内容	
机能实验中心	消化系统	消化道平滑肌的生理特性	
		胃肠运动的观察	
		药物对离体肠的作用	
		消化系统虚拟实验	
	泌尿系统	影响尿生成因素及利尿药的作用	
		利尿药的利尿作用	
	药物效应动力学实验	药物对动物学习记忆的影响	
		酸枣仁对小鼠的镇静作用	
		地西泮抗惊厥作用	
		巴比妥类药物作用的比较	
		药物对小鼠自发活动的影响	
		镇痛药的镇痛作用(扭体法)	
		镇痛药的镇痛作用(热板法)	
		地塞米松对实验大鼠足趾肿胀的影响	
		苯海拉明药效实验	
		子宫兴奋药对离体子宫的作用	
		胰岛素的低血糖抢救	
		普鲁卡因的传导麻醉作用	
		有机磷酸酯类中毒及解救虚拟仿真实验	
	药物代谢动力学实验	硫酸链霉素的毒性反应及氯化钙的对抗作用	
		药物急性毒性实验	
		量效曲线	
		药物消除半衰期特性曲线	
		给药剂量对药物血浓度的影响	
		药物剂量对药物作用的影响	
		给药途径对药物浓度的影响	
		给药途径对药物作用的影响	
		药物在体内的分布	
		肝、肾功能状态对血药浓度的影响	
		多次给药对血药浓度的影响	
人体实验室	血型判断	ABO 血型判断	
实验动物中心	基本操作性实验内容	家兔的基本操作虚拟仿真实验	
		蟾蜍的基本操作虚拟仿真实验	
		比格犬的基本操作虚拟仿真实验	
		实验动物介绍	
		动物伦理学	
		哺乳类手术器械	
		蛙类手术器械	
		常用器械	
		实验动物的捉拿方法	
		实验动物的插管技术	
		实验动物的注射给药	
		动物的分组及编号	
		动物的品系与分类	
		动物的选择及性别识别	

虚拟仿真内容	实验类别	实验内容	
实验仪器展馆		生理仪器	
		药理仪器	
		常规溶液配制	常用抗凝剂
			常用麻醉剂
			常用生理溶液
形态学实验室		形态学数字标本库	病理学数字化教学软件
			组织与胚胎学数字化教学软件
分子生物学实验室	分子生物学实验	Taqman 荧光探针法测 SNP 分型	
		逆转录	
		荧光定量 PCR	
		质粒转化大肠杆菌	
		细胞培养	
		细胞内活性氧荧光值的动态变化参数	
		动物细胞培养技术	
		斑马鱼发育相关基因 pnas4 时间表达谱构建	
	医药学化学	重结晶法提纯固体有机化合物	
		有机物熔点、沸点的测定实验	
		pH 计测定醋酸的电离常数实验	
		酸碱滴定实验	
		色谱分析实验	
		分光光度法测定 Fe^{3+} 的含量	
		常压蒸馏实验	
	分子诊断和检验学	乙型肝炎病毒的定量检测	
		丙型肝炎病毒的定量检测	
		葡萄糖氧化酶法测空腹血糖(标准管法)	
		血清甘油三酯测定(酶法-标准管法)	
		细胞凋亡的诱导和检测	

参考文献

[1] 倪迎冬. 动物生理学实验指导(第五版)[M]. 北京:中国农业出版社,2016.

[2] 张才乔. 动物生理学实验(第二版)[M]. 北京:科学出版社,2014.

[3] 杨芳炬. 机能实验学[M]. 北京:高等教育出版社,2010.

[4] 陆源,况炜,张红. 机能学实验教程[M]. 北京:科学出版社,2005.

[5] 樊继云,冯逯,刘燕. 生理学实验与科研训练[M]. 北京:中国协和医科大学出版社. 2003.

[6] 莫书荣. 实验生理科学(第3版)[M]. 北京:科学出版社,2009.

[7] 李玲. 机能学实验教程[M]. 上海:第二军医大学出版社,2007.

[8] 丁报春,尤家騄,马建中. 生理科学实验教程[M]. 北京:人民卫生出版社. 2007.

[9] 赵茹茜. 动物生理学(第五版)[M]. 北京:中国农业出版社,2011.

[10] 杨秀平,肖向红. 动物生理学(第2版)[M]. 北京:高等教育出版社,2009.

[11] 梅岩艾,王建军,王世强. 生理学原理[M]. 北京:高等教育出版社,2011.

[12] 朱大年,王庭槐. 生理学(第8版)[M]. 北京:人民卫生出版社,2013.

[13] 韩正庚. 家畜生理学实验指导[M]. 北京:中国农业出版社,1982.